习近平新时代中国特色社会主义思想研究工程（二期）

杨庆峰 等◎著

科技强国的理论意蕴与多重维度

上海人民出版社

目　录

目　录

前　言

　　科技强国既是一种目标追求，也是一个动态发展过程。科技越来越强，会推动实现经济体量规模化，并在此基础上实现科学强、技术强、创新能力强；科技越来越强，会支撑国家逐渐强大，在教育、科技、人才良性循环的基础上，推动社会主义现代化强国建设。当然，需要指出的是，科技强国不仅指科学强、技术强，以及在科技创新领域是世界强国，还理应关照科技强国的人民指向和伦理指向，通过科技创新实现国家强盛、人民幸福的目标。

　　从观念发展来看，科技强国目标的提出和实践的推进是党和国家领导人对科学技术认识不断深化、对国家建设与科学技术功能不断认识和实践的结果。我们党在各个历史时期都高度重视科技事业，始终将科技事业放在十分重要的战略地位。1961 年，在全国知识分子问题会议上，毛泽东同志发出"向科学进军"的号召；1978 年，全国科学大会召开，邓小平同志作出科学技术是重要生产力的重要论断；1995 年，全国科学技术大会召开，江泽民同志号召大力实施科教兴国战略；2006 年，全国科学技术大会再次召开，胡锦涛同志部署建设创新型国家规划；2012 年，全国科技创新大会召开，党中央号召科技界为全面建成小康社会提供有力科技支撑；2016 年，全国科技创新大会再次召开，习近平同志指出，到2020 年使我国进入创新型国家行列，到 2030 年进入创新型国家前列，到 2049 年成为世界科技强国。2022 年，党的二十大报告将科技强国建成的时间点提前到 2035 年，到这个时候我国发展的总体目标是建成教育强国、科技强国、人才强国、文化强国、体育强国和健康中国。2024 年，在全国科技大会上，习近平同志强调必须充分认识科技的战略先导地位和根本支撑作用，锚定 2035 年建成科技强国的战略目标，加强顶层设计和统筹谋划，加快实现高水平科技自立自强。2024 年，在党的二十届三中全会上，习近平同志指出，在进一步全面深化改革、推进中国式现代化过程中要统筹推进教育科技人才体制机制一体改革，强调深化教育综合改革、深化科技体制改革、深化人才发展体制机制改革，提升国家创新体系整体效能。同时，中国科学家群体也不断强调科技强国建设。《百名院士谈建设科技强国》一书中蔡荣根、马余刚、周向宇、丁奎岭、李林等院士强调基础科学对于科技强国建设的作用；康乐、吴立新、周志鑫、邱勇、杜善义、段宝岩、李家彪等院士强调创新在科技强国建设中的作用；①李国杰、杨宝峰院士强调科学精神对于科技强国建设的作用；更有

---

① 《百名院士谈建设科技强国》，人民出版社 2019 年版。

杨福家、赵宇亮、赵进东等院士强调教育的重要性。^① 在诸多科学家看来,基础科学、应用科学等都是科技强国建设的支撑力、助力。可以看出,利用科技力量使得国家、民族和人民变得强大,在当下和未来竞争中立于不败之地是科技强国战略的根本规定,而科技多样化以及科技向善是着眼于全人类利益的伦理指向。

从理论上看,需要对科技强国的层次进行分析。科技强国从来不是一个简单的理论问题,而是与中国现代化进程密切相关的实践问题。在党的十九大报告中,科技强国、质量强国、航天强国、网络强国、交通强国的表述历历在目,科技创新就在于为上述强国建设提供支撑;在党的二十大报告中,我国发展的总体目标包括建设教育强国、科技强国、人才强国、文化强国和体育强国;高质量发展中现代化产业体系就包括制造强国、质量强国、航天强国、交通强国、网络强国等;科技兴国战略包括教育强国、科技强国、人才强国等。《论科技自立自强》中有网络强国(2014年、2018年)、装备制造强国(2014年以来)、航天强国(2016年以后)等表述,这些都为我们理解科技强国的层次提供了丰富的理论和实践依据。

从实践上看,人类发展适逢新科技革命,中国面临百年未有之大变局。第四次科技革命是人类发展的一个新阶段,这次革命以智能时

---

① 如赵宇亮院士指出,科技强国建设过五关,教育为第一关;杨福家院士强调强国先强教等。

代、数智时代的名义从一定意义上重塑了这个世界，包括我们的生产方式、生活方式和社会交往方式。甚至可以说，不经意之间已经颠覆了马克思讲的这三种方式。大变局不仅仅是指某一个方面，也不是世界经济地理上的一个变局，在这个大背景下，我们谈论中国的科技创新，无论是在战略上还是措施上，都赋予它新的时代价值。强大的基础研究和原始创新能力是科技强国的根基底座，要持续产出重大原创性、颠覆性科技成果，为国家发展提供丰沛的源头活水。强大的关键核心技术攻关能力是科技强国的战略支柱，要加快突破重点领域关键点、控制点技术，为高质量发展和高水平安全提供有力支撑。强大的国际影响力和引领力是科技强国的显著标志，要为人类科技进步和解决全球共同挑战作出更多中国贡献，成为世界重要科学中心和创新高地。强大的高水平科技人才培养和集聚能力是科技强国的根本特征，要通过自主培养高水平人才和吸引世界一流人才，不断壮大国际顶尖科技人才队伍和国家战略科技力量。强大的科技治理体系和治理能力是科技强国的重要保障，要全面深化科技体制机制改革，形成世界一流的创新生态和科研环境。

从上述角度出发，需要研判当前科技发展形势并深挖隐藏在深处的政治逻辑、经济逻辑和社会逻辑。政治逻辑是确保国家长久安全；经济逻辑是为高质量发展提供科技保障；社会逻辑是为了充分满足人们日益增强的需求。在形势研判上，做到对国际、国内科技创新形势判断准确，把握科技创新的规律变化；在科技布局上，根据国家科技发展重大需求变化，做到全面布局、构建向善的治理体系，建设具有全球性、国际竞争力、开放的创新生态。

本书试图从科技哲学角度考察科技强国问题。科技系统论既包括把科技看作一个整体系统，作为工具、方法的东西及其意义之源；也包括把科技与政治、科技与经济、科技与生态、科技与文化及科技与国家等多方面看作系统的构成要素。前者是狭义的科技系统论，后者是广义的科技系统论，目的是让我们对科技有个全面的把握。

围绕这一思路分八章展开，章节分析遵循历史与逻辑的统一、理论与实践的统一。这是大的总体原则。在这一原则之下贯穿一个基本的逻辑：使得"科技强国"这一理念深入人心并且在国家现代化建设下生根发芽。

本书可以划分为四大块：理论阐述、动力分析、条件分析和实践案例。

前三章为理论阐述部分。第一章从科技强国观念的历史飞跃入手，阐述马克思主义对于科技功能的经典论述，在此基础上，论述中国在革命、建设、改革各个历史时期如何形成科技强国这一理论观念。第二章分析科学技术在国家现代化建设中的地位关系，明确科学技术在国家现代化建设中的地位。只有定位明确，才能在后面的分析中抓住主要矛盾和关键矛盾。第三章分析科技强国的内在意蕴，揭示建设科技强国意味着形成强大的自主创新能力、具有活力的创新体系和治理体系、新型举国体制和强大的国家战略科技力量。

第四章为动力分析。定位明确后进入动力分析。我们不仅要有全球视野，还要有中国关注。一些发达国家将科技发展作为社会发展的重要推动力。本章从民族复兴、国家安全、民生福祉、发展竞争等方面分析中国建设科技强国的现实动力。

第五章阐述科技发展和科技强国建设的人民指向。坚持以人民为中心的发展思想是党和国家一切工作的出发点和落脚点，建设科技强国亦不例外。凸显科技强国建设的伦理指向，这是科技强国著作容易忽略的地方。

第六章和第七章为条件分析部分。主要从科学精神、科技文化等方面分析科技强国建设需要的条件。

第八章为实践部分。上述理论阐述、条件分析都是为现实服务的。党的二十大报告指出："只有把马克思主义原理同中国具体实际相结合、同中华优秀传统文化相结合，坚持运用辩证唯物主义和历史唯物主义，才能正确回答时代和实践提出的重大问题，才能始终保持马克思主义的蓬勃生机和旺盛活力。"[①] "两个结合"非常强调同中国具体实际相结合。本章将长三角区域科技创新中心作为实践案例进行剖析总结，展示科技强国在该区域如何实行。

如何理解和建设科技强国是本书的核心问题。根据前面对科技的分析，回答这一问题就变得可能而且有根据。我们的研究也提出了一些反思命题：科技并非工具，而是具有意义生成、建构性质的力量（科技工具论的反思）；科技并非单独的、可以从社会语境中脱

[①] 习近平：《高举中国特色社会主义伟大旗帜 为全面建设社会主义现代化国家而团结奋斗——在中国共产党第二十次全国代表大会上的报告》，人民出版社 2022 年版，第 17 页。

离出来的经验因素，而是整体性、牵一发动全身的东西；科技也不是决定一切的根本性力量，还有更为根本的意义、价值和地位（科技决定论的反思）；科技本身具有的破坏的性质不容忽视，而这和使用行为没有关系，等等。总体来说，在这样的根据之上，科技强国并不是科技决定论和科技工具论观念的呈现，而是有着不同的内涵。

在实践层面不仅要关注实践活动中的问题，还要关注科技治理的问题，这样一个维度包括几个方面：一是如何运用好科技，既要给人类带来福祉，又要规避风险，这是最为通常的问题，也是国家最关心的问题。这不仅需要马克思主义的方法论指导，还需要结合中国传统智慧。二是深刻认识到科技本身的局限性，这是我们建设科技强国中辩证思维需要意识到的问题。

在当前的全球发展中，科技成为国家发展和世界竞争的关键性力量，各种颠覆性技术、突破性技术、新兴技术的排行榜纷纷出炉说明世界各国对其的重视程度。《科学》(Science) 2005 年评选 125个重大科学问题 [1]，2021 年上海交通大学联合 Science 继续推进。《麻省理工科技评论》(Mit Technology Review) 从 2001 年开始推出的十大突破性技术排行榜，截至 2025 年推出了 250 项。

把科技作为卡死对手的重要手段，也就是俗称的"卡脖子"。"卡脖子"往往从两个方面展开，一个是从科技商品本身进行限制，通过各种政策限制出口、流通，这样做可以大大限制对手国家的科技发展。比如 2023 年新年刚过，美国胁迫荷兰和日本同意禁止向中国

---

[1]　Special Issue 125th Anniversary, *Science*, Vol.309, Issue 5731, July 2005.

销售芯片核心技术与成品，限制先进的芯片制造技术、光刻工具的出口。美国的《芯片与科学法》(*Chips and Science Act*)、欧盟的《芯片法案》等是限制供应中国芯片、光刻机设备的主要手段。另一个是通过科技伦理进行限制，即通过相关的伦理制度进行限制，比如AI自主武器就是最为典型的一个现象。一国的法律很难制约其他国家研发AI自主武器的行为，但是通过伦理这一超越性方法可以实现一种隐形制约。

如今，世界各国面临的普遍形势是进入第四次工业革命，或言，是处于第四次工业革命中。在这场以"数智时代"为时代特征和技术特征的大背景下，风险与机遇并存。按照2023年达沃斯论坛的说法，"如今的世界面临着巨大变革和分裂化"。我们面对的风险表现为两重：生活成本危机是最大的短期风险，而气候变化减缓和适应行动失败是最严重的长期风险，地缘政治对抗和内向型发展政策将会加剧经济困境，进一步加大短期和长期风险。① 机遇则表现为科学技术的可能性，带来的诸多变化。充分抓住第四次工业革命带来的机遇，有效规避社会风险是实现我国科技强国建设的绝佳机会。

---

① 2023年全球风险报告，世界经济论坛网。在世界经济论坛的定义中，短期风险是指2年后可能出现的十大风险，如生活成本、自然灾害及极端天气事件、地缘经济对抗、减轻气候变化行动失败、社会凝聚力瓦解和社会极化、大尺度环境恶化、气候变化适应失败、网络犯罪和网络不安全盛行、大规模非自愿移民。10年后可能出现的十大风险：减轻气候变化行动失败、气候变化适应失败、自然灾害及极端天气事件、生物多样性消失和生态系统崩溃、大规模非自愿移民、自然资源危机、社会凝聚力瓦解和社会极化、网络犯罪和网络不安全盛行、地缘经济对抗和大尺度环境恶化。

第一章　科技强国观念的历史飞跃

当今时代，世界百年未有之大变局加速演进，这对于我国发展既是机遇也是挑战。如何建成科技强国是中国共产党人所追求的目标和基本选择。这里涉及一系列基本问题。什么是科技强国？为什么要建设科技强国？为此，马克思主义中国化时代化过程中几代中国共产党人做了长期的探索、实践和创新。

第一节　马克思主义关于科技强国的基本观点

重视科技的历史功能，是马克思主义的一个基本观点。恩格斯说："在马克思看来，科学是一种在历史上起推动作用的、革命的力量。"[①] 从马克思一生的研究来看，他始终立足社会现实，以问题为

———————

① 《马克思恩格斯选集》第3卷，人民出版社1995年版，第777页。

导向，探求现实问题的解决路径，并以此为理论研究的出发点和落脚点。他对于科学技术的思考与研究亦不例外。

一、科学技术促进人类解放和社会进步

任何一种思想的产生离不开它的时代。马克思对科学技术的论述以及相关观点的产生，与他生活的时代——19 世纪资本主义经济迅速崛起、第一次技术革命向纵深发展、第二次技术革命正在孕育的时代——密不可分。在社会生产领域，机器大工业逐步取代以手工劳动为基础的工场手工业，而机器大工业的发展一方面对科学技术的应用需求越来越迫切，另一方面也极大地推动了科学技术的进一步发展。马克思从具体的科技活动的层面论述了技术问题。在我们非常熟悉的这段论述"火药、指南针、印刷术——这是预告资产阶级社会到来的三大发明。火药把骑士阶层炸得粉碎，指南针打开了世界市场并建立了殖民地，而印刷术则变成新教的工具，总的来说变成科学复兴的手段，变成对精神发展创造必要前提的最强大的杠杆"①中虽然马克思没有提"技术"，并且在他的著作中"技术"一词出现的次数也不多，但"火药、指南针、印刷术""科学复兴"等词语，都是对技术产品、技术作用的直接表述，旨在论述和揭示火药、指南针、印刷术等技术对资产阶级社会发展的巨大推动作用。

事实上，马克思关于科学技术的论述都是秉持了上述特点：极

---

① 《马克思恩格斯文集》第 8 卷，人民出版社 2009 年版，第 338 页。

少使用"科学技术"字眼，却俯拾即是地触及技术问题。需要指出的是，马克思对科学技术问题的研究总是立足社会现实基于资本主义条件下工人阶级运动的大背景，把科学技术作为社会系统的一个重要组成部分，并与其他社会因素联系在一起，服务于他研究的社会发展规律以及对无产阶级革命道路的探求。恩格斯指出："如果什么地方有了新的科学成就，不论能否实际应用，马克思比谁都感到莫大的喜悦。但是，他把科学首先看成是一个伟大的历史杠杆，看成是按最明显的字面意义而言的革命力量。而且他正是在此意义上，并为此目的，运用他所掌握的渊博的知识，特别是有关历史的一切领域的知识。"①马克思把科学技术当作推动社会发展的革命力量，同时，他将"科学"与"技术"是分开论述的。

科学是人类认识世界本质的一种方式。在马克思看来，理论思维的方式就是科学的方式，它透过现象揭示隐藏在事物背后的本质。科学是对未知事物的探索。"科学就是要研究我们不认识的东西。"②其中"自然科学的对象是运动着的物质，物体"③。早期的科学研究主要以自然界的未知现象为目标，后来开始探究人工物及其创造活动，这些都是科学致力研究的。在马克思看来，客观世界的任何事物都可以用科学的理性进行审视、运用科学的方法展开分析，同时，他从广义上运用科学：科学包括自然科学、社会科学和思维科学。

① 《马克思恩格斯全集》第25卷，人民出版社2001年版，第592页。
② 《马克思恩格斯选集》第3卷，人民出版社2012年版，第916页。
③ 同上书，第508页。

他在《资本论》中指出："在德国，直到现在，政治经济学一直是外来的科学。"① 恩格斯在《反杜林论》中对科学也作出了分类，"我们可以按照早已知道的方法把整个认识领域分成三大部分。第一个部分包括所有研究非生物界的并且或多或少能用数学方法处理的科学，即数学、天文学、力学、物理学、化学"，"第二类科学是研究活的有机体的科学"，第三类是"按照历史顺序和现今结果来研究人的生活条件、社会关系、法的形式和国家形式及其由哲学、宗教、艺术等等组成观念上层建筑的历史科学"②。此外，恩格斯也注意到思维科学，"我们本来在上面还可以举出研究人的思维规律的科学，即逻辑学和辩证法"③。恩格斯对科学的分类与马克思的分类基本一致，即，自然科学（第一、二类科学），人文科学和社会科学（第三类科学），以及思维科学。

与"科学"一样，"技术"也与人、人类活动联系在一起。技术是人的本质的基础。"个人怎样表现自己的生命，他们自己就是怎样。因此，他们是什么样的，这同他们的生产是一致的——既和他们生产什么一致，又和他们怎样生产一致。因而，个人是什么样的，这取决于他们进行生产的物质条件。"④ 马克思将人、物质生产活动，通过技术衔接在一起。基于此，马克思认为，技术是社会生活的基

---

① 《马克思恩格斯全集》第 44 卷，人民出版社 2001 年版，第 15 页。
② 《马克思恩格斯选集》第 3 卷，人民出版社 2012 年版，第 464—465 页。
③ 同上书，第 467、147 页。
④ 同上书，第 147 页。

础。在他看来，产业技术不仅支持着生产体系的运转，而且也是区分社会时代、反映社会关系的标志。"各种经济时代的区别，不在于生产什么，而在于怎样生产，用什么劳动资料生产。劳动资料不仅是人类劳动力发展的测量器，而且是劳动借以进行的社会关系的指示器。"[①] 也就是说，"生产什么"以及"怎样生产"的产业技术特征，直接决定着人的物质生产与社会需要的实现样式，并进一步塑造着社会上层建筑的面貌，人类自身的发展离不开技术的进步。从中不难看出，马克思从一个非常广义的视角看待技术，技术广泛存在于人类活动的各个领域。同时，马克思还认为，技术是一直处于变化发展之中的。这种变化发展也蕴含着科学与技术两者关系的变化。在工业革命前，产业技术的需求刺激和引导科学的发展，电力应用为标志的第二次技术革命之后，科学开始超越产业技术发展的实际需要，成为牵引生产与技术发展的火车头。"科学就是靠这些发明来驱使自然力为劳动服务，劳动的社会性质或协作性质也由于这些发明而得以发展。"[②] 特别是，"随着资本主义生产的扩展，科学因素第一次被有意识地和广泛地加以发展、应用并体现在生活中，其规模是以往的时代根本想象不到的"[③]。

马克思、恩格斯基于时代特征、以问题为导向，从人的社会生产活动、社会发展过程中论述科学与技术。可以说，人类社会活动

---

① 《马克思恩格斯全集》第 44 卷，人民出版社 2001 年版，第 210 页。
② 《马克思恩格斯全集》第 21 卷，人民出版社 2003 年版，第 184 页。
③ 《马克思恩格斯文集》第 8 卷，人民出版社 2009 年版，第 359 页。

的过程孕育着科学技术，科学技术存在于社会生活的各个领域，它自身也是一种社会文化现象。人类具有社会属性和自然属性，从衣、食、住、行、用到精神文化需求的实现，无一不受到科学技术的直接或间接影响。在人与技术的关系问题上，马克思的一个重要观点不可回避，那就是人的异化问题。"在资本主义制度内部，一切提高社会劳动生产力的方法都是靠牺牲工人个人来实现的；一切发展生产的手段都转变为统治和剥削生产者的手段，都使工人畸形发展，成为局部的人，把工人贬低为机器的附属品，使工人受劳动的折磨，从而使劳动失去内容，并且随着科学作为独立的力量被并入劳动过程而使劳动过程的智力与工人相异化；这些手段使工人的劳动条件变得恶劣，使工人在劳动过程中屈服于最卑鄙的可恶的专制，把工人的生活时间转化为劳动时间，并且把工人的妻子儿女都抛到资本的扎格纳特车轮下。"[①] 在技术发展的过程中，工人劳动的结果就是与自己劳动的产品相异化，工人成为资本主义社会发展的牺牲品。技术的发展进步又对人类进化有着积极的意义。从劳动创造人类，劳动本身包含技能、技术这层逻辑而言，技术从人类诞生之日起就与人类结伴而行，技术进步是人类解放的根本途径。社会发展史表明，人类的每一次解放都是在技术发明与改进的基础上取得的，电灯的发明把人们从黑暗的束缚中解放出来，铁路、汽车、飞机等的发明使得人们的生活丰富起来。科学技术的发展，解放着人类，促

[①] 《马克思恩格斯全集》第44卷，人民出版社2001年版，第743页。

进着社会进步，是人们不断创新生活方式，提升生活品质的过程。

二、科学技术是生产力

科学技术是生产力，是马克思主义的一贯观点。这也是马克思主义影响深远的一个观点。

生产力是人们解决社会同自然矛盾的实际能力，是人类利用和改变自然使其适应人类需要的一切物质的、技术的要素的总和。马克思是第一个对科学的生产力价值进行深入而全面分析的思想家。首先，马克思明确提出了科学是生产力的思想。"同价值转化为资本时的情形一样，在资本的进一步发展中，我们看到：一方面，资本是以生产力的一定的现有的历史发展为前提的——在这些生产力中也包括科学——，另一方面，资本又推动和促进生产力向前发展。"[①] "科学的力量也是不费资本家分文的另一种生产力。"[②] "另一种不费资本分文的生产力，是科学力量。"[③] 并且，马克思把科学技术作为一种独立的力量加以论述，"自然因素的应用……是同科学作为生产过程的独立因素的发展相一致的。生产过程成了科学的应用，而科学反过来成了生产过程的因素即所谓职能。……科学获得的使命是：成为生产财富的手段，成为致富的手段"[④]。科学技术作为独

① 《马克思恩格斯全集》第 31 卷，人民出版社 1998 年版，第 94 页。
② 《马克思恩格斯全集》第 47 卷，人民出版社 2001 年版，第 553 页。
③ 《马克思恩格斯全集》第 31 卷，人民出版社 1998 年版，第 168 页。
④ 《马克思恩格斯文集》第 8 卷，人民出版社 2009 年版，第 356—357 页。

立于生产力其他构成要素的独立因素，是一种生产手段，也是一种致富手段。

其次，马克思主义认为科学技术是生产力，并进一步地指出，科学技术对生产力诸要素起决定作用，科学技术是最高意义上的革命力量。科学技术可以提升劳动者素质，使其劳动能力不断提升。"生产过程的智力同体力劳动相分离，智力转化为资本支配劳动的权力……科学、巨大的自然力、社会的群众性劳动都体现在机器体系中，并同机器体系一道构成了'主人'的权力。"①掌握了科学技术的劳动者作为生产力的主体，科学素质提高后，会增强其能动性，进而推动生产力的发展。科学技术的发展助力实现劳动资料发展。劳动资料是人们在劳动过程中用以改变或影响劳动对象的物质资料或物质条件，其中最重要的是生产工具。生产工具是衡量人类生产力发展水平的重要尺度。而纵观人类发展史，生产工具的改进离不开科学技术的发展。"资本主义生产方式所特有的工业革命，正是起源于同加工的材料直接接触的那一部分工具的变革，并且为把每台走锭精纺机上安装的纱锭数量从6个增加到1800个铺平了道路。"②

最后，马克思将科学技术拓展为劳动对象。劳动对象是生产过程中的加工对象。随着科学技术的发展，人类可以加工的自然物、人造物越来越多，特别是对自然物利用与开发的广度和深度都极大

---

① 《马克思恩格斯全集》第44卷，人民出版社2001年版，第487页。
② 《马克思恩格斯文集》第8卷，人民出版社2009年版，第329页。

地得到扩展和升级。马克思指出："撇开自然物质不说，各种不费分文的自然力，也可以作为要素，以或大或小的效能并入生产过程。它们发挥效能的程度，取决于不花费资本家分文的各种方法和科学进步。"① 马克思还看到，科学技术的进步可以帮助人们创造出新的材料、新的劳动对象，"化学的每一个进步不仅增加有用的物质的数量和已知物质的用途，从而随着资本的增长扩大投资领域。同时，它还教人们把生产过程和消费过程中的废料投回到再生产过程的循环中去，从而无需预先支出资本，就能创造新的资本材料"②。其中能看到，马克思不仅论述过科学技术对于生产力的作用，而且也论述到科学技术对于经济发展的推动作用。他在《资本论》中有同样的观点表达："劳动生产力是由多种情况决定的，其中包括：工人的平均熟练程度，科学的发展水平和它在工艺上应用的程度，生产过程的社会结合，生产资料的规模和效能，以及自然条件。"③

科学技术是推动社会发展的革命的力量。马克思以批判资本主义，建立社会主义和共产主义为己任，但他对资本主义文明时期的科学技术却给予了很高评价。由于科学技术的发展，"资产阶级在它的不到一百年的阶级统治中所创造的生产力，比过去一切世代创造的全部生产力还要多，还要大"④。尽管对资本主义时期的科学技术

---

① 《马克思恩格斯全集》第 45 卷，人民出版社 2003 年版，第 394 页。
② 《马克思恩格斯全集》第 44 卷，人民出版社 2001 年版，第 698—699 页。
③ 同上书，第 53 页。
④ 《马克思恩格斯选集》第 1 卷，人民出版社 2012 年版，第 405 页。

大加赞扬，但他明确指出，只有在共产主义这一文明形态中，科学技术才能真正发挥作用，科学才能真正地繁荣和发展。"只有工人阶级能够把他们从僧侣统治下解放出来，把科学从阶级统治的工具变为人民的力量，把科学家本人从阶级偏见的兜售者、追逐名利的国家寄生虫、资本的同盟者，变成自由的思想家！只有在劳动共和国里面，科学才能起它的真正作用。"①

马克思对科学技术的关注和论述是全面的，他还论证了科学技术与人类社会的问题。比如他提到科学技术对人的本质影响体现在社会关系受到的影响。在他看来，"人的本质，从其现实性上来讲，是一切社会关系的总和"②，社会交往是人们的生存方式，也是生活方式。马克思通过考察人的交往方式变迁历史，揭示了社会交往和科学技术之间的内在联系。首先，科学技术的发展改变了人们的时空观念，拉近了空间距离，形成了面向世界的社会交往观念与模式。科学技术的发展实现了"用时间去消灭空间"③。快捷的交通工具和通信工具，一方面大大缩短了人们交往的时间，从另一方面讲是扩大了交往的物理空间。其次，科学技术的发展推动了生产和消费的国际化。当"每个个人的生产，依赖于其他一切人的生产；同样，他的产品转化为他本人的生活资料，也要依赖于其他一切人的

---

① 《马克思恩格斯选集》第 3 卷，人民出版社 2012 年版，第 149—150 页。
② 《马克思恩格斯选集》第 1 卷，人民出版社 2012 年版，第 139 页。
③ 《马克思恩格斯全集》第 30 卷，人民出版社 1995 年版，第 521 页。

消费"①遇到科学技术的发展，生产和消费都日益变得世界性和国际化了。正如马克思所言："电报已经把整个欧洲变成了一个证券交易所；铁路和轮船已经把交通和交换扩大了一百倍。"②最后，科学技术的发展加速了文明的全球化传播，形成了世界交往。恩格斯写信给马克思："在宗迭维特，农民在小饭馆里交替使用丹麦语、低地德意志方言和高地德意志方言；可是在那里以及在宗德堡，我常常用丹麦语同别人谈话，对方却总是用德语来回答。"③随着国际贸易的发展，世界性语言逐渐形成并反过来又促进了越来越世界性的社会交往。

三、科学技术变革着生产关系

在前面论述中我们指出，科学技术是生产力，本身表现为生产力的特征。马克思进一步指出，使用科学技术的活动则构成特定的生产关系。马克思指出，"机器正象拖犁的牛一样，并不是一个经济范畴。机器只是一种生产力。以应用机器为基础的现代工厂才是社会生产关系，才是经济范畴"④。具体而言，"在《哲学的贫困》第二章《政治经济学的形而上学》中，马克思明确地把技术作为生产力的一个要素，说明机器正像拖犁的牛一样，并不是一个经济范畴。机器只是一种生产力。他强调了技术要素的劳动手段即工具的重要

---

① 《马克思恩格斯全集》第 30 卷，人民出版社 1995 年版，第 105 页。
② 《马克思恩格斯全集》第 10 卷，人民出版社 1962 年版，第 653 页。
③ 《马克思恩格斯全集》第 31 卷，人民出版社 1972 年版，第 7 页。
④ 《马克思恩格斯选集》第 1 卷，人民出版社 2012 年版，第 241 页。

作用，认为劳动的组成和划分视其所拥有的工具不同而各有不同；随着新工具的获得，人们改变自己的生产方式，从而也就会改变自己的一切生产关系。在他看来，机器是劳动工具的结合，但决不是工人本身的各种操作的组合。简单的工具，工具的积累，复合的工具，由一个发动机即人手开的复合工具，由自然力开动这些工具；机器；有一个发动机的机器体系；有自动发动机的机器体系，这就是机器发展的进程。更为重要的是，马克思把机器本身和机器的资本主义应用区别开来，考察了技术进步在资本主义条件下引起异化的现象，认为机器的应用使分工加剧，它产生了特长和专业，同时也产生职业和痴呆，工厂中的分工使劳动完全丧失专业的性质；在每一次多少有一点重要性的新罢工之后，总要产生一种新机器。而工人在机器的应用中则很少看到他们的权利的恢复。机器成为资本家对付熟练工人反抗的武器"[1]。而区分机器本身与使用机器的活动对于分析科技的使用产生的伦理问题至关重要。

综上所述，马克思恩格斯对科学技术作用以及使用科学技术的活动是高度重视的，他们从科技—人—生产力—社会变革的关系中论述科学技术的作用，认为科技可以提升劳动者素质、劳动者能力和推动社会发展。这些观点可以被看作科技使得国家和社会变得强大的理论基础，他们的思想也为我们把握科学技术发展规律、制定正确的行动方案提供丰富的理论基础和指导遵循。

---

[1] 乔瑞金：《马克思技术哲学纲要》，人民出版社 2002 年版，第 70—71 页。

中国共产党是以马克思主义为指导的执政党。中国共产党一经诞生，就把为中国人民谋幸福、为中华民族谋复兴确立为自己的初心使命。一百多年来，中国共产党团结带领中国人民进行的一切奋斗、一切牺牲、一切创造，就是为了让人民过上好日子，把我国建设成为社会主义现代化强国，实现中华民族伟大复兴。推进和实现中华民族伟大复兴的奋斗史，也是对科技强国观念不断深化的发展史。在革命、建设、改革各个历史时期，我们党都高度重视科技事业，始终将科技事业置于十分重要的战略地位，使其发挥十分重要的战略作用。

第二节　社会主义革命与建设时期科技强国观念的树立

在不同的历史时期，我们党根据具体的时代任务和社会主要矛盾，对科技事业的开展也具有不同的特点和侧重点，这种科技实践也形成了相应的科技观念，指导和推动各时期党和国家各项事业的发展，深刻体现了中国共产党对科学技术发展规律的探索与把握。

一、重视并发挥知识分子在科技强国中的工作

新中国成立以后，中华民族进入发展进步的新纪元。在这一时期，党和国家面临一系列崭新的课题，其中包括如何实现中国由农

业国向工业国的转变？如何尽快实现国家工业化？实现工业化，是中国追赶世界的步伐。中国共产党人开始探索社会主义工业化和现代化道路，并逐步形成了从"国家工业化"强国到"四个现代化"强国的战略设想。

在推进这些战略设想的实践过程中，中国共产党更是将知识分子作为社会主义建设中"必须依靠"的力量，"在社会主义时代……更加需要充分地发展科学和利用科学知识……除了必须依靠工人阶级和广大农民的积极劳动以外，还必须依靠知识分子的积极劳动"①。在党的有力政策推动下，知识分子作为科学文化知识和专业技术的掌握者和传播者，无论是在过渡时期还是全面建设社会主义时期都为推动实现国家工业化、现代化发挥了积极的作用。

二、科学技术现代化是实现国家社会主义现代化的关键

在社会主义革命和建设时期，除重视知识分子的工作外，我们党还从追求实现国家现代化的进程中突出科技的作用。1953年12月，毛泽东提出要在一个相当长的时期内逐步实现国家的社会主义工业现代化，并逐步实现国家对农业、手工业、资本主义工商业的社会主义改造。②面对百废待兴的国情和西方技术封锁，过渡时期总路线和总任务的落实与完成"利于社会生产力的迅速向前发展，才利于在技术上起一个革命，把在我国绝大部分社会经济中使用简单的落

---

① 《知识分子问题文献选编》，人民出版社1983年版，第239页。
② 《毛泽东文集》第6卷，人民出版社1999年版，第316页。

后的工具农具去工作的情况，改变为使用各类机器直至最先进的机器去工作的情况，借以达到大规模地生产各种工业和农业产品……确有把握地增强国防力量"①。在我们实施第一个五年计划期间，中国共产党开启和完成新民主主义向社会主义的伟大转变，进行社会主义革命和建设，为实现中华民族伟大复兴奠定根本政治前提和制度基础，同时，还明确指出落后的生产关系对先进生产力的束缚，为日后提出"四个现代化"和"向科学进军"奠定了理论和实践基础。

　　"四个现代化"设想的提出和"向科学进军"号角的吹响，展现了中国共产党探索适合中国国情的建设社会主义现代化道路的实践。1954 年 9 月，周恩来在一届全国人大一次会议的政府工作报告中第一次提出了"四个现代化"的构想："如果我们不建设起强大的现代化的工业、现代化的农业、现代化的交通运输业和现代化的国防，我们就不能摆脱落后和贫困，我们的革命就不能达到目的。"② 此时的"四个现代化"不包含"科学技术现代化"，但是不难看出，这一构想强调和重视技术对于经济发展的重要性。1956 年是中国现代科学技术发展史上的一个重要里程碑。同年 1 月，中国提出了"向科学进军"的口号。强调实现"四个现代化"关键在于科学技术现代化，要实行重点发展、迎头赶上的科技发展战略，努力赶超世界先进水平。毛泽东强调，不搞科学技术，生产力就无法提高。1956

① 《毛泽东文集》第 6 卷，人民出版社 1999 年版，第 316 页。
② 《建国以来重要文献选编》第 5 册，中央文献出版社 2011 年版，第 503 页。

年9月党的八大上,刘少奇做的政治报告和周恩来做的《关于发展国民经济的第二个五年计划的建议的报告》都提到,培养建设人才,加强科学研究工作,以适应社会主义经济文化发展的需要。科学技术事业正进入一个有计划的蓬勃发展的新阶段。1957年3月,毛泽东提出,要将我国建设成为"一个具有现代工业、现代农业和现代科学文化的社会主义国家"。[①]1959年,毛泽东在读苏联《政治经济学教科书》时指出:"建设社会主义,要求是工业现代化,农业现代化,科学文化现代化,现在要加上国防工业化"。[②] 这样,就形成"四个现代化"战略目标的完整提法。1964年12月,周恩来在三届全国人大一次会议上所作的政府工作报告中,首次提出实现"四个现代化"的目标,即"把我国建设成一个具有现代工业、现代农业、现代国防和现代科学技术的社会主义强国"[③]。此后,我们党团结带领人民自力更生、发愤图强,在一穷二白的基础上建立起独立的比较完整的工业体系和国民经济体系,农业生产条件显著改变,教育、科学、文化、卫生、体育事业有了很大发展,为中国现代化奠定了根本政治前提和制度基础。

在"四个现代化"构想和"向科学进军"口号的鼓舞下,新中国的科技工作者自力更生,艰苦奋斗,取得了"两弹一星"、人工合成牛胰岛素等令人鼓舞的成就。"两弹一星"的成功既提升了中国人

---

① 《毛泽东文集》第7卷,人民出版社1999年版,第268页。

② 《毛泽东文集》第8卷,人民出版社1999年版,第116页。

③ 《周恩来选集》(下),人民出版社1984年版,第439页。

民的民族自信，也巩固和提升了中国的国际地位。同时，不可忽视的是，"两弹一星"的成功点燃了中国人民科技强国的自信心。

需要注意的是，在这一时期的技术与科学结合度较低。以重工业为主的工业化发展道路，对传统资源，如有色金属、钢材、石油等的依赖大。在传统资源支撑的基础上，基本建设的投资额比第一个五年增加一倍左右，同时，这一阶段设备和技术人员都处于良好运转和发挥作用时期。尽管"在这个时期技术是落后的，由于技术的落后，生产的许多产品都是次货"，"一切技术水平不高和设备落后的企业必须采取有效措施，争取在短期内熟练地掌握有关的技术，并且逐步地改善设备落后的状况"，"全国很多的机器制造工厂、冶金工厂，电站、煤矿、石油企业、化学工厂、建筑材料工厂，将拥有现代先进技术的装备"。[①] 此阶段，对于技术人员的工作方针是"充分动员"，也就是"为了增加材料和设备的新品种，应当充分动员我国的技术力量，努力加强产品的设计和研究的工作，进行新产品的生产。轻视自己的技术力量，不去积极使用它和培养它，是不对的"[②]。从中可以看出党和国家与技术人员之间的关系，技术人员的工作也处于起步阶段。再者，由于新中国刚成立不久，底子薄，资金有限，因而在党的八大上也提出了"勤俭"的方针，"勤俭建国、勤俭办企业、勤俭办合作社、勤俭办一切事业，这是我们党建

---

① 刘少奇：《中国共产党中央委员会向第八次全国代表大会的政治报告》，《人民日报》1956 年 9 月 17 日。

② 同上。

设社会主义的长远方针，这也是拟定和执行第二个五年计划必须遵循的方针"①。

三、科学技术发展离不开国家顶层设计的正确指引

在社会主义革命和建设时期，中国共产党在探索与创造中推进社会主义现代化建设，取得许多成就也走过弯路。中国的科学、技术、教育在曲折中发展。从国家战略层面看，确立科学技术现代化的战略地位，是"四个现代化"总体布局的组成。构建"科研—生产—教育"协同创新体系。党的十一大明确地提出了"向科学技术的现代化进军"的口号。科学研究工作，应当走到经济建设的前面，现在却落在后面。"这个问题关系社会主义建设的全局，必须认真抓起来。中央决定，在适当的时候召开全国科学大会。这次大会，要交流经验，制定规划，表扬先进，特别要表扬有发明创造的科技工作者和工农兵群众，把科技战线上广大干部和群众的革命积极性充分调动起来，向科学技术的现代化进军。"党的十一大报告中还有关于重视青年的教育的论述。将知识、人才与劳动结合在一起："知识青年是早上八、九点钟的太阳，又有文化，我们应当把他们培养成建设社会主义现代化强国的生力军。"②大会通过的新的党章，把

---

① 刘少奇：《中国共产党中央委员会向第八次全国代表大会的政治报告》，《人民日报》1956年9月17日。

② 华国锋：《在中国共产党第十一次全国代表大会上的政治报告》，《人民日报》1977年8月12日。

"在本世纪内，党要领导全国各族人民把我国建设成为农业、工业、国防和科学技术现代化的社会主义强国"写入总纲。

在这一时期，中国共产党结合中国的实际，制定和执行相应的知识分子政策，提出实现"四个现代化"，在独立自主、自力更生的基础上保障国家主权、实现国防强大和促进经济发展，跟上世界科技发展的前沿。"争取""团结""培养""依靠"知识分子政策，吹响"向科学进军"的号角，无不反映了中国共产党人团结带领中国人民充分认识到了科学技术之于国家经济发展、国家安全的重要性，并在实践中不断丰富发展；始终重视知识分子工作，从"向科学进军"到"向科学技术的现代化进军"的转变，充分彰显中国共产党根据不同时期中国的具体实际对中心任务的准确把握，是中国共产党人在社会主义革命和建设实践中对科学技术认识的科学化和对科技强国规律认识的深入。这一时期，中国在科学技术方面的成果，特别是"两弹一星"的成功，强有力地支撑起中国的政治大国地位。

第三节　改革开放和社会主义现代化建设新时期科技强国观念的实践与发展

党的十一届三中全会后，我国进入改革开放和社会主义现代化建设新时期，党和国家的工作重心转移到解放和发展生产力、进行社会主义现代化建设上来。要发展生产力则离不开科学技术。进入改革开放新时期，大力发展科学技术成为赶上时代的最大动力源。1988 年 9 月，邓小平强调："马克思讲过科学技术是生产力，这是非常正确的，现在看来这样说可能不够，恐怕是第一生产力。"① "科学技术是第一生产力"这一重要论断，极大地促进了中国科技事业的发展，迎来了"科学的春天"。

一、"尊重"的知识分子政策助力实现科技事业的繁荣发展

这一时期，党重新审视知识分子的地位和作用。党的十二大指出："我们的教育科学文化工作正在走上正轨并得到一定的发展，呈现出初步的繁荣景象。党同知识分子的关系，比以前有很大的改善。工人、农民和知识分子这三支基本社会力量相互间的团结状况，现在也比较良好。"② 十二大报告提到，四个现代化的关键是科学技术的现代化。并指出我们许多企业生产技术和经营管理落后，与职工科学文化知识、操作技能缺乏，熟练工人和科学技术人员缺乏有关。提出要加强技术改造、推广，加强应用科学的研究，重视基础科学的研究，并组织各方面的力量对关键性的科研项目进行"攻关"，大力普及初等教育，提高全民族的科学文化水平。教育和科学是经济发展的战略重点。1982 年 12 月，五届全国人大五次会议通过的《中

---

① 《邓小平文选》第 3 卷，人民出版社 1993 年版，第 28 页。

② 胡耀邦：《全面开创社会主义现代化建设的新局面——在中国共产党第十二次全国代表大会上的报告》，《人民日报》1982 年 9 月 8 日。

华人民共和国宪法》序言指出，"社会主义的建设事业必须依靠工人、农民和知识分子"①。

"863"计划的提出和落实是"尊重知识，尊重人才"的典型事例。"863 计划"凝练着我国发展高科技的战略需求。1991 年中共中央对"863 计划"批示"发展高科技，实现产业化"。在这一思想的指导下，"863 计划"的实施并"跟踪研究外国战略性高技术发展"，采用"引进、消化吸收、再创新"的策略，在超级计算机、载人航天等七大领域，不断突破、跨越。在我国科学技术需要急起直追的年代，这一计划的诞生是对知识和知识分子的尊重，计划的实施也有力推动我国高技术的进步及其产业发展，成为中国科学技术发展的一面旗帜，为我国科技发展特别是追踪世界科技前沿作出不可磨灭的贡献，在"引进和消化吸收"国外先进技术方面取得重要进展，也开创了我国主动参与国际高技术竞争的新纪元。

2002 年党的十六大报告中首次提出"尊重劳动、尊重知识、尊重人才、尊重创造"的方针，这是中国共产党在新的时期对知识分子和人才工作的重要理论创新，更是充分发挥知识分子作用、助推科技进步的实践深化。

二、"科学技术作为第一生产力"推动国民经济快速发展

马克思主义一贯强调科学技术对生产力的制约、影响、渗透和

---

① 《中华人民共和国宪法》，人民出版社 1982 年版，第 7 页。

推动作用。邓小平等中国共产党人对这一观点进行着继承与发展。1978 年 3 月全国科学大会开幕式上，邓小平提到社会生产力的巨大发展及劳动生产率的提高，最主要的就是靠科学、技术的力量，进而提出"四个现代化，关键是科学技术的现代化。没有现代科学技术，就不可能建设现代农业、现代工业、现代国防。没有科学技术的高速度发展，也就不可能有国民经济的高速度发展"[①]。这次全国科学代表大会，主要目的就是动员全党全国重视科学技术。而这次大会也的确起到和发挥了动员的作用。党的十四大报告进一步指出："科学技术是第一生产力。振兴经济首先要振兴科技。只有坚定地推进科技进步，才能在激烈的竞争中取得主动。当前，我国经济正面临着加速发展、调整结构、提高效益的重大任务，尤其需要全社会提高科技意识，多方面增加科技投入，真正依靠科技进步。"[②] 从原来的强调重视科学技术，到涵盖科技意识、科技投入、科技进步等方面。"科技工作要面向经济建设主战场，在开发研究、高新技术及其产业、基础性研究这三个方面合理配置力量，确定各自攀登高峰的目标。在世界高科技领域中，中华民族要占有应有位置。通过深化改革，建立和完善科技与经济有效结合的机制，加速科技成果的商品化和向现实生产力转化。不断完善保护知识产权的制度。认真

---

① 《邓小平文选》第 2 卷，人民出版社 1983 年版，第 86 页。

② 江泽民：《加快改革开放和现代化建设步伐　夺取有中国特色社会主义事业的更大胜利——在中国共产党第十四次全国代表大会上的报告》（1992 年 10 月 12 日），中国政府网，2007 年 8 月 29 日。

抓好引进先进技术的消化、吸收和创新。努力提高科技进步在经济增长中所占的含量，促进整个经济由粗放经营向集约经营转变。"①在这个阶段，依旧是"科技进步、经济繁荣和社会发展，从根本上说取决于提高劳动者的素质，培养大批人才"②，提倡促进教育同经济、科技的密切结合。经济的发展离不开科学技术的支撑，同时也离不开劳动者素质的提高。在发展经济的过程中"把发展科学技术和教育事业放在首要位置，使经济建设转到依靠科技进步和提高劳动者素质的轨道上来"。劳动者素质的提高和大量合格人才的培养，能从根本上推动和促进科技的发展，经济的振兴，乃至整个社会的进步。

三、科学技术是推进现代化进程的重要动力

实现现代化是近代以来中国人民孜孜以求的宏愿。改革开放和社会主义现代化建设新时期，我们党和国家把工作中心转移到经济建设上来、实行改革开放的历史性决策，开启中国式现代化的新长征。1979 年，邓小平创造性地提出"中国式的现代化"③，并用"小康"来表述中国式的现代化。他指出，我们要实现的四个现代化，是中国式的四个现代化。我们的四个现代化的概念，不是像西方发

---

① 江泽民：《加快改革开放和现代化建设步伐　夺取有中国特色社会主义事业的更大胜利——在中国共产党第十四次全国代表大会上的报告》(1992 年 10 月12 日)，中国政府网，2007 年 8 月 29 日。

② 同上。

③《邓小平文选》第 2 卷，人民出版社 1983 年版，第 237 页。

达国家那样的现代化的概念，而是"小康之家"。现代化是一个包括经济、政治、文化、社会、科技等在内的综合发展进程，是人类文明发展与进步的显著标志。现代化的本质是人的现代化。在这一时期，运用科技实现人民福祉也成为一个内在要求。随着中国改革开放实践的持续推进，对科学技术的认识也在不断深化。科学技术能够促进人的全面发展，能够增进人民福祉。

这一时期，国际竞争的实质是以经济和科技实力为基础的综合国力较量，中国共产党提出了科教兴国战略和可持续发展战略。坚持"科学技术是第一生产力"的理念，重视和强调未来科学技术特别是高技术发展对综合国力、社会经济结构和人民生活的巨大影响，把加速科技进步放在经济社会发展的关键地位，使经济建设真正转到依靠科技进步和提高劳动者素质的轨道上来之外，党和国家还制订了中长期科学发展规划来强化应用技术的开发和推广，促进科技成果向现实生产力转化，集中力量解决经济社会发展的重大和关键技术问题。另外，我国是发展中国家，应该更加重视运用最新技术成果，实现技术发展的跨越。要有重点有选择地引进先进技术，增强自主创新能力。这一时期，党和国家深化科技和教育体制改革，注重促进科技、教育同经济的结合。与此同时，还充分发挥市场和社会需求对科技进步的导向和推动作用，支持和鼓励企业从事科研、开发和技术改造，使企业成为科研开发和投入的主体。"鼓励创新、竞争和合作。实施保护知识产权制度。人才是科技进步和经济社会发展最重要的资源，要建立一整套有利于人才培养和使用的激励机制。"①

四、科技创新是建设创新型国家的关键一环

这一时期，中国共产党重视和强调科技赋能走新型工业化道路，加强基础研究、鼓励科技自主创新等，不断丰富发展科技强国观念。根据当时的世界经济科技发展新趋势和我国经济发展新阶段的要求，党的十六大报告提出，在20世纪的头二十年经济建设和改革的主要任务是，完善社会主义市场经济体制，推动经济结构战略性调整，基本实现工业化，大力推进信息化，加快建设现代化，保持国民经济持续快速健康发展，不断提高人民生活水平。并且指出，要走新型工业化道路，大力实施科教兴国战略和可持续发展战略。"走新型工业化道路，必须发挥科学技术作为第一生产力的重要作用，注重依靠科技进步和提高劳动者素质，改善经济增长质量和效益。加强基础研究和高技术研究，推进关键技术创新和系统集成，实现技术跨越式发展。鼓励科技创新，在关键领域和若干科技发展前沿掌握核心技术和拥有一批自主知识产权。深化科技和教育体制改革，加强科技教育同经济的结合，完善科技服务体系，加速科技成果向现实生产力转化。推进国家创新体系建设。发挥风险投资的作用，形

① 江泽民：《高举邓小平理论伟大旗帜　把建设有中国特色社会主义事业全面推向二十一世纪——在中国共产党第十五次全国代表大会上的报告》(1997年9月12日)，中国政府网，2008年7月11日。

成促进科技创新和创业的资本运作和人才汇集机制。"① 同时，党和国家也关注到时代的"信息化"水平和特征，指出"信息化"是我国加快实现工业化和现代化的必然选择。坚持以信息化带动工业化，以工业化促进信息化，走出一条科技含量高、经济效益好、资源消耗低、环境污染少、人力资源优势得到充分发挥的新型工业化路子。② 主张和鼓励用高新技术和先进适用技术改造传统产业，大力振兴装备制造业。2007 年，党的十七大报告提出："促进国民经济又好又快发展"部分中提到，提高自主创新能力，建设创新型国家。这是国家发展战略的核心，是提高综合国力的关键。坚持走中国特色自主创新道路，把增强自主创新能力贯彻到现代化建设各个方面。认真落实国家中长期科学和技术发展规划纲要，加大对自主创新投入，着力突破制约经济社会发展的关键技术。加快建设国家创新体系，支持基础研究、前沿技术研究、社会公益性技术研究。加快建立以企业为主体、市场为导向、产学研相结合的技术创新体系，引导和支持创新要素向企业集聚，促进科技成果向现实生产力转化。深化科技管理体制改革，优化科技资源配置，完善鼓励技术创新和科技成果产业化的法制保障、政策体系、激励机制、市场环境，实施知识产权战略，充分利用国际科技资源。进一步营造鼓励

---

① 江泽民：《全面建设小康社会 开创中国特色社会主义事业新局面——在中国共产党第十六次全国代表大会上的报告》(2002 年 11 月 8 日)，中国政府网，2008 年 8 月 1 日。

② 同上。

创新的环境，努力造就世界一流科学家和科技领军人才，注重培养一线的创新人才，使全社会创新智慧竞相迸发、各方面创新人才大量涌现。① 加快转变经济发展方式，推动产业结构优化升级。这是关系国民经济全局紧迫而重大的战略任务。

改革开放40多年来，我国经济发展取得举世瞩目的成就，已成为世界第二大经济体。随着经济的发展，我国科学与技术也取得巨大发展。科学技术对经济发展的促进作用也越来越明显。我们取得载人航天、载人深潜、超级计算机等一系列重大科技突破，极大振奋了民族精神，极大提升了我国国际地位。我国科技的巨大进步使人们看到科技强国的希望。这一时期的探索与成果推动着中国共产党领导科技强国建设的实践升华。

第四节　中国特色社会主义新时代科技强国的创新与新发展

科技立则民族立，科技强则国家强。科技自立自强是国家强盛之基、安全之要。党的十八大以来，党中央实施创新驱动发展战略，提出加快建设创新型国家的战略任务，不断深化科技体制改革，有

---

① 胡锦涛：《高举中国特色社会主义伟大旗帜　为夺取全面建设小康社会新胜利而奋斗——在中国共产党第十七次全国代表大会上的报告》，《人民日报》2007年10月15日。

力推进科技自立自强。

当今世界百年未有之大变局加速演进，国际环境错综复杂，世界经济陷入低迷期，全球产业链供应链面临重塑，不稳定性不确定性明显增加。逆全球化、单边主义、保护主义思潮暗流涌动。科技创新成为国际战略博弈的主要战场，围绕科技制高点的竞争空前激烈。面对新形势新挑战，我们必须加快从要素驱动为主向创新驱动发展转变，发挥科技创新的支撑引领作用，推动实现有质量、有效益、可持续的发展。党的十八大以来，以习近平同志为核心的党中央领导全党全国各族人民，开创了中国特色社会主义全新局面。新时代是我国发展新的历史方位。党和国家在准确把握历史新方位、矛盾新变化、时代新要求中，着力增强创新驱动发展新动力，不断将科技强国向纵深推进。

一、"聚天下英才"建设科技强国

中国特色社会主义进入新时代，我国社会主要矛盾已经转化为人民日益增长的美好生活需要与不平衡不充分的发展之间的矛盾，这对党的知识分子政策创新发展提出新要求。立足于当下的世情、国情、党情，中国共产党着力实施人才强国战略，营造良好人才创新生态环境，"聚天下英才而用之"[①]，充分激发广大科技人员积

---

① 习近平：《在网络安全和信息化工作座谈会上的讲话》，《人民日报》2016年4月26日。

极性、主动性、创造性。无论是 2016 年的全国科技创新大会、两院院士大会和中国科协第九次全国代表大会，还是 2018 年召开的两院院士大会，2021 年召开的中国科学院第二十次院士大会、中国工程院第十五次院士大会、中国科协第十次全国代表大会以及 2024 年召开的全国科技大会、国家科学技术奖励大会和中国科学院第二十一次院士大会、中国工程院第十七次院士大会上，人才作为创新的第一资源都被提及和强调。习近平总书记指出："我们着力实施人才强国，营造良好人才创新生态环境，聚天下英才而用之，充分激发广大科技人员积极性、主动性、创造性。""我国广大科技工作者要以与时俱进的精神、革故鼎新的勇气、坚忍不拔的定力，面向世界科技前沿、面向经济主战场、面向国家重大需求、面向人民生命健康，把握大势、抢占先机，直面问题、迎难而上，肩负起时代赋予的重任，努力实现高水平科技自立自强。"①

2024 年 1 月 19 日，习近平在"国家工程师奖"首次评选表彰之际作出重要指示，希望全国广大工程技术人员坚定科技报国、为民造福理想，勇于突破关键核心技术，锻造精品工程，推动发展新质生产力，加快实现高水平科技自立自强，服务高质量发展，为以中国式现代化全面推进强国建设、民族复兴伟业作出更大贡

---

① 《习近平在中国科学院第二十次院士大会、中国工程院第十五次院士大会、中国科协第十次全国代表大会上的讲话》，中国政府网，2021 年 5 月 28 日。

献。①2024 年 3 月 6 日，习近平在看望参加全国政协十四届二次会议的民革、科技界、环境资源界委员，并参加联组会，听取意见和建议时强调，科技界委员和广大科技工作者要进一步增强科教兴国强国的抱负，担当起科技创新的重任，加强基础研究和应用基础研究，打好关键核心技术攻坚战，培育发展新质生产力的新动能。②科技是第一生产力，人才是第一资源，创新是第一动力。人才既是创新的发起者，也是技术应用的实践者，是形成新质生产力最活跃、最具决定意义的能动主体。发展新质生产力，必须不断提高劳动者素质，加快建设国家战略人才力量，努力培养造就更多大师、战略科学家、一流科技领军人才和创新团队、青年科技人才、卓越工程师、大国工匠、高技能人才。畅通教育、科技、人才的良性循环，完善人才培养、引进、使用、合理流动的工作机制，为发展新质生产力汇聚形成强大的人才支撑。③

二、科技创新成为发展新质生产力的内在动能

科学技术作为生产力、第一生产力在新时代与生产力的关系得

---

① 《习近平在"国家工程师奖"首次评选表彰之际作出重要指示强调　坚定科技报国为民造福理想　加快实现高水平科技自立自强服务高质量发展》，《人民日报》2024 年 1 月 20 日。

② 《习近平在看望参加政协会议的民革科技界环境资源界委员时强调　积极建言资政广泛凝聚共识　助力中国式现代化建设》，《人民日报》2024 年 3 月 7 日。

③ 习近平：《发展新质生产力是推动高质量发展的内在要求和重要着力点》，中国政府网，2024 年 5 月 31 日。

到进一步加强。新时代，构建新的发展格局和推动高质量发展已经成为全党全社会的共识和自觉行动，成为经济社会发展的主旋律。习近平指出："发展新质生产力是推动高质量发展的内在要求和重要着力点。"①新质生产力的提出，一方面表明和代表着生产力的发展跃迁，另一方面也蕴含着科技创新、生产力、经济发展、国家强大之间的密切关系。2023 年 9 月 7 日，习近平在新时代推动东北全面振兴座谈会上强调，积极培育新能源、新材料、先进制造、电子信息等战略性新兴产业，积极培育未来产业，加快形成新质生产力，增强发展新动能。新质生产力相对于传统生产力，涉及领域新、技术含量高，其中依靠创新驱动是关键。科技、创新成为形成和发展新质生产力的内在动能和重要依托。我国已在一系列高端产业取得新的科技突破，但新一轮科技革命和产业变革中，我们面临的科技短板以及挑战依旧很多，要实现高质量发展、推进中华民族伟大复兴必须开辟发展新领域新赛道、塑造发展新动能新优势，必须依靠科技创新。

2024 年 2 月 29 日，习近平总书记在主持二十届中央政治局第十二次集体学习时强调，要瞄准世界能源科技前沿，聚焦能源关键领域和重大需求，合理选择技术路线，发挥新型举国体制优势，加强关键核心技术联合攻关，强化科研成果转化运用，把能源

---

① 习近平：《发展新质生产力是推动高质量发展的内在要求和重要着力点》，中国政府网，2024 年 5 月 31 日。

技术及其关联产业培育成带动我国产业升级的新增长点，促进新质生产力发展。能源安全是关系国家经济社会发展的全局性、战略性问题，对国家繁荣发展、人民生活改善、社会长治久安至关重要。包括新能源产业在内的能源技术及其关联产业是新质生产力的重要组成部分，是推动能源绿色低碳转型的重要支撑，也是带动我国产业升级的新增长点。绿色发展是新质生产力的内在要求，也是高质量发展的底色，新质生产力本身就是绿色生产力。我们必须坚定走能源绿色、低碳、可持续发展道路，加快绿色科技创新和先进绿色技术推广应用，壮大绿色能源产业，构建绿色低碳循环经济体系，为支撑和推动新质生产力发展提供可靠的能源基础。①

科技是第一生产力，人才是第一资源，创新是第一动力。科技创新作为新质生产力的内在动能，推动形成新质生产力并使之在实践中形成并展示出对高质量发展的强劲推动力、支撑力，为科技强国的建设塑造新优势；科技自主创新是增强国家竞争力的核心要素。②

三、科技现代化是中国式现代化的关键

实现现代化不仅是近代以来中国人民孜孜以求的宏愿，而且实

---

① 习近平：《大力推动我国新能源高质量发展　为共建清洁美丽世界作出更大贡献》，光明网，2024 年 3 月 2 日。

② 同上。

践证明，实现现代化不是一蹴而就的，而是一场接力跑。中国共产党在团结带领人民实现现代化的过程中，逐渐探索出了适合自己的发展道路即中国特色社会主义道路。习近平指出："中国式现代化，是中国共产党领导的社会主义现代化，既有各国现代化的共同特征，更有基于自己国情的中国特色。"[①]"我们能不能如期全面建成社会主义现代化强国，关键看科技自立自强"[②]。进入新时代，以习近平同志为核心的党中央坚持把科技创新摆在国家发展全局的核心位置，深入实施科教兴国战略、人才强国战略、创新驱动发展战略。在新时代，科技创新的广度、深度、速度和精度全面推进。

"863 计划"提出"引进、消化吸收、再创新"的策略。我们在"引进、消化吸收"方面取得重要进展，但"再创新"方面却远没有实现"863 计划"设定的目标。创新既是几十年历史未完成的目标，也是新时代的需要，已然成为引领发展的第一动力。党的十八大报告提出："实施创新驱动发展战略。科技创新是提高社会生产力和综合国力的战略支撑，必须摆在国家发展全局的核心位置。要坚持走中国特色自主创新道路，以全球视野谋划和推动创新，提高原始创新、集成创新和引进消化吸收再创新能力，更加注重协同创新。深

---

① 习近平：《高举中国特色社会主义伟大旗帜　为全面建设社会主义现代化国家而团结奋斗——在中国共产党第二十次全国代表大会上的报告》，人民出版社 2022 年版，第 17 页。

② 《习近平在参加江苏代表团审议时强调　牢牢把握高质量发展这个首要任务》，新华网，2023 年 3 月 5 日。

化科技体制改革，推动科技和经济紧密结合，加快建设国家创新体系，着力构建以企业为主体、市场为导向、产学研相结合的技术创新体系。完善知识创新体系，强化基础研究、前沿技术研究、社会公益技术研究，提高科学研究水平和成果转化能力，抢占科技发展战略制高点。实施国家科技重大专项，突破重大技术瓶颈。加快新技术新产品新工艺研发应用，加强技术集成和商业模式创新。完善科技创新评价标准、激励机制、转化机制。实施知识产权战略，加强知识产权保护。促进创新资源高效配置和综合集成，把全社会智慧和力量凝聚到创新发展上来。"[1] 党的十九大确立 2035 年跻身创新型国家前列的战略目标，党的十九届五中全会提出坚持创新在我国现代化建设全局中的核心地位，把科技自立自强作为国家发展的战略支撑。2022 年党的二十大作出到 2035 年建成科技强国的战略部署[2]。在全国科技大会、国家科学技术奖励大会、两院院士大会上，习近平总书记都会强调并系统阐明新形势下加快建设科技强国的必要性和紧迫性，为做好新时代科技工作指明前进方向，使得中国式现代化必须依靠科技现代化作支撑的认识越来越深入人心，科技在中国式现代化进程中的基础性、战略性支撑作用越来越凸显。

---

① 胡锦涛：《坚定不移沿着中国特色社会主义道路前进 为全面建成小康社会而奋斗——在中国共产党第十八次全国代表大会上的报告》，人民网，2012 年 12 月 9 日。

② 习近平：《高举中国特色社会主义伟大旗帜 为全面建设社会主义现代化国家而团结奋斗——在中国共产党第二十次全国代表大会上的报告》，《人民日报》2022 年 10 月 26 日。

2024 年党的二十届三中全会紧紧围绕中国式现代化这个主题，对进一步全面深化改革作出系统部署。全会审议通过的《关于进一步全面深化改革、推进中国式现代化的决定》(以下简称《决定》)对"构建支持全面创新体制机制"进行了专章论述和部署①，再一次充分体现了党中央对科技创新的高度重视和殷切期望，为科技创新引领发展创造提供政策支撑和彰显其发展潜力。《决定》在锚定 2035 年建成科技强国的奋斗目标下，以高水平科技自立自强为主线，统筹战略规划、政策措施、科研力量、重大任务、资源平台、区域创新，协同推进科技改革发展实现新的突破。

党的二十届三中全会审议通过的《决定》关于科技创新体制机制的部署与论述，一方面体现了党中央对科技创新的重视和期望，另一方面也表明我们在实践发展中对科技创新、中国式现代化、科技强国三者之间相互关系认识的深化。迎接新一轮科技革命和产业变革、加快建设科技强国，需要加快完善科技创新组织方式和治理模式；发展新质生产力、实现高质量发展，必须加强科技创新和产业创新融合发展；提升国家竞争力、应对外部挑战，要求我们既有科技创新还要有制度创新，保障和加快高水平科技自立自强，以此推动和加快建设科技强国，为中国式现代化提供更加有力的科技支撑。

---

① 《中共中央关于进一步全面深化改革、推进中国式现代化的决定》，人民出版社 2024 年版，第 13 页。

四、"增进民生福祉"是科技强国的出发点和落脚点

新时代,科技具有更为基础、全面和支撑的地位和作用。党的二十大报告第一次将教育、科技、人才放在同一部分进行阐述,"第五部分实施科教兴国战略,强化现代化建设人才支撑"强调,教育、科技、人才是全面建设社会主义现代化国家的基础性、战略性支撑。必须坚持科技是第一生产力、人才是第一资源、创新是第一动力,深入实施科教兴国战略、人才强国战略、创新驱动发展战略,开辟发展新领域新赛道,不断塑造发展新动能新优势。科技强国的出发点和落脚点是增进民生福祉,中国在建设科技强国、增进民生福祉的同时积极参与解决人类面临的共同挑战,致力于让科技成果惠及更多国家和人民。

五、科技伦理是科技强国建设中不可或缺的一环

科学技术问题不仅是一个科学问题,还是一个社会文化问题。新时代,党和国家强调文化与科技的融合发展。在扎实推进社会主义文化强国建设中促进文化和科技融合,发展新型文化业态,提高文化产业规模化、集约化、专业化水平。在这个过程中,不可回避且必须重视的是科技伦理问题。中国共产党在建设科技强国的进程中也清楚地认识和指出这一点。习近平在 2021 年 5 月 28 日中国科学院第二十次院士大会、中国工程院第十五次院士大会、中国科协

第十次全国代表大会上指出，科技是发展的利器，也可能成为风险的源头。要前瞻研判科技发展带来的规则冲突、社会风险、伦理挑战，完善相关法律法规、伦理审查规则及监管框架。要深度参与全球科技治理，贡献中国智慧，构建科技向善的文化理念，让科技更好增进人类福祉，让中国科技为推动构建人类命运共同体作出更大贡献。①

在革命、建设、改革的各个历史时期，我们党都高度重视科技事业。从新中国成立后吹响"向科学进军"的号角，到改革开放提出"科学技术是第一生产力"的论断；从进入新世纪深入实施知识创新工程、科教兴国战略、人才强国战略，不断完善国家创新体系、建设创新型国家，到党的十八大以来提出创新是第一动力、全面实施创新驱动发展战略、建设世界科技强国，全面建成社会主义现代化强国，科学技术现代化从来都是我国实现现代化的重要内容，科技事业在党和人民事业中始终具有十分重要的战略地位，发挥了十分重要的战略作用。我们在科学技术领域从"跟跑"转向"并跑"，甚至"领跑"，是中国共产党领导人民在社会主义现代化道路上不断实践、不断认识、不断探索、不断创新、不断深化的过程。

科学技术的概念是一个发展的过程，从"科学"、"技术"到

---

① 《习近平在中国科学院第二十次院士大会、中国工程院第十五次院士大会、中国科协第十次全国代表大会上的讲话》，中国政府网，2021 年 5 月 28 日。

"科学技术"，再到"科技"表述的变化，也反映着科学与技术之间的关系的变化。从巩固和发展新生的社会主义制度，到发展经济，到科技强国，我们的做法是从历史和问题出发，从历史中发现深层次的规律，从问题中找到突破的关键。本章按照两条逻辑路线展开：一条是科学技术的发展与国家现代化建设之间的关系，科学技术从第一步追赶，赶上时代步伐，到第二步的跟得上，再到第三步的领跑，超越。从追，跟到超。另一条是科学技术、国家现代化建设过程中"人"的因素的变化。科技人才成为第一资源，科技强国不仅是科学技术本身发展上的强，还有科学技术实现和支撑国家结果上的强，以及增进民生福祉和提高人民生活品质意义上的强。科学技术不断向纵深的发展赋能着中国现代化强国建设。

第二章 科学技术在国家现代化建设中的地位

尽管前一章节对经典著作中关于科技强国观念的历史性分析，让我们对马克思主义经典作家的论述有较为全面的把握，并且对其演变逻辑也有所了解。但是对于如何理解科技强大乃至科技发展对于一个国家现代化建设具有什么样的重要性这一问题还需要作进一步的理论分析。

第一节 多元视角中的科技理解

为更好地分析上述问题，我们首先需要对科技本身作出阐述，但是这种阐述并不是概念界定。这种做法很难有成效。单是科技、科学等概念的定义就多达百种。我们想通过另外一种方式完成这个任务。这就是把科技现象放入国家现代化建设的语境中，通过这一语境形成我们需要的科技概念，以期对科技有一个合适的理解。

一、国家现代化进程

对于国家来说，现代化有着不同的理解方式。一是把它理解为一种属性，比如具有现代特征的国家。在这个意义上，我们可以把它称为现代国家或者现代化国家，与之相对应的是农业国家。二是把它理解为一种进程，比如处于现代化进程中的国家。在这个意义上，我们只能称为国家现代化进程，是指一个国家开启并推进的现代化进程。那么对于中国来说，何种概念更为适用呢？

很显然，"现代国家"并不是一个合适的概念。这个概念有着明显的欧洲中心主义的色彩。约瑟夫·R.斯特雷耶（Joseph R.Strayer）指出，以英国、法国为模板的现代国家及其制度形成于 1600 年期间。① 这种说法显然过于笼统，其唯一合理的根据是中世纪，这个时代被称为黑暗时代，大致持续时间为公元 5 世纪至 15 世纪。黑暗时代结束之后，西方社会进入启蒙时代，也就是理性时代或者现代时期。这种说法还是没有触及根本。事实上，从根本上来说，是人的观念决定着国家的发展。在西方历史上，启蒙以前人的本性、拯救、罪恶都是从上帝角度规定下来的，而现代哲学家提出的观念则改变了这一切。从观念角度来说，以哲学家笛卡尔首次在《谈谈方

① ［美］约瑟夫·R.斯特雷耶：《现代国家的起源》，华佳、王夏、宗福常等译，王小卫校，格致出版社、上海人民出版社 2011 年版。

法》（1637 年）提出"我思故我在"命题为标志。"现代人"出现在 17 世纪，因为现代人能够以"我"为出发点，而并非以前的从上帝出发。这意味着人性从人自身获得规定，人的罪恶是自身欲望或者理性异化导致的结果，人的拯救依靠自身的理性以及文化（科学技术是文化高级的发展阶段）。

上述说法至少存在两个方面的局限。一是过于强调以个体的人为出发点。对于国家来说，普遍的东西是更好的出发点。因为国家考虑的是普遍人的福祉与利益。从科技发展角度来说，既要使科技服务于普遍的人类，也要防止对于普遍人类产生的风险与危害。二是没有考虑到其他地区的国家形态，以东亚国家如中、韩、日等国家来说，"我思"很显然并不是一个有效出发点，而合适的出发点表现为群体形态的"家"。在这个单元中，存在一个家族权威，比如家中的长者或者男性公民。他的权威是家族传统赋予的结果。

因此，对于我们来说，问题并不是要建立一个现代国家，而是中国式现代化进程的演进问题。"在新中国成立特别是改革开放以来长期探索和实践基础上，经过十八大以来在理论和实践上的创新突破，我们党成功推进和拓展了中国式现代化。"① 中国式现代化是中国共产党领导的社会主义现代化，具有人口规模巨大、全体人民共同富裕、物质文明和精神文明相协调、人与自然和谐共生、走和平

---

① 习近平：《高举中国特色社会主义伟大旗帜　为全面建设社会主义现代化国家而团结奋斗——在中国共产党第二十次全国代表大会上的报告》，人民出版社 2022 年版，第 22 页。

发展道路五个特色，既切合中国实际，也体现社会主义建设规律。

二、科技发展与国家现代化进程的关系

在传统的经济学理论中，科技进步被看作是经济因素的一部分，尤其是经济增长的动力因素。但是从更为广阔的视角看，却并不是如此。科技是经济转型和现代化建设的驱动因素。刘大椿教授认为："现代化建设成功的关键是科学技术的发展和应用，因而'科技强国'是我国迈向现代化强国的战略抉择。"①

今天数字技术迅猛发展正在催生数字经济这一新形态，同时也提出了一个艰巨的实践难题：虚拟经济与实体经济的关系。在社会发展中，虚拟经济对于实体经济造成极大冲击，比如在出租车行业，平台约车逐渐取消扬招的方式，叫车平台也多种多样。坐在出租车内，司机使用1—4部手机用来接受不同平台的叫车信息。当然这背后还有深层次现代技术对于人类行为习惯的改变。以前人们都是扬招坐车，虚拟叫车平台的成熟逐渐改变人们的叫车方式。逐渐地，"网约"成为新的坐车习惯被塑造。现在很多人不习惯扬招叫车了。

当然，对科技发展的判断也有不同看法，研究显示，1945—2010年科技呈现退步趋势。美国科研人员提出用衡量论文、专利的"颠覆性"或"突破性"的测评指标"CD指数（Consolidating/

---

① 刘大椿：《科技强国战略与公共政策的关联》，《南京林业大学学报》2009年第9卷第2期。

Disruptive index）"。所有研究成果被分为两类，一类是巩固型研究（Consolidating），一类是颠覆型研究（Disruptive）。巩固型研究指那些继承过去研究结论，并沿着已有的研究方向进一步改善、深化的研究成果；颠覆型研究则推翻过去的研究结论，或是开辟出全新的研究领域，或是根本上扭转研究方向。"CD 指数"正是通过这种引用模式的差异，来衡量一项研究的"颠覆性"。该研究指出，论文与专利的平均 CD 指数都呈现下滑趋势。而从各个研究领域看，这种下滑趋势也是大体一致的。科学上集中于深化既往研究，而非开拓新的领域。这个趋势如图：

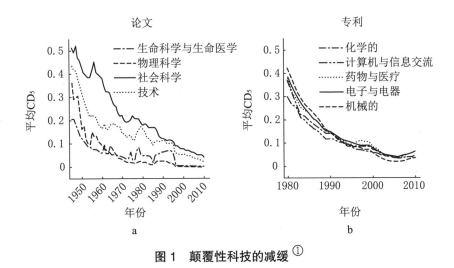

图 1　颠覆性科技的减缓 [①]

图 1 中 a、b 展示了论文在 1950—2010 年间的减缓趋势变化。对于论文来说，1950—2010 年减缓幅度变化从 91.9%（社会科学）

---

① Park, M., Leahey, E. & Funk, R. J. "Papers and Patents are Becoming Less Disruptive Over Time", *Nature*, Vol. 613, No. 4, Jan., 2023.

到100%（物理科学）。对于专利来说，1980—2010年间的减缓幅度从93.5%（计算机与信息交流）到96.4%（药物与医疗）。减缓模式在出版、引用和署名方面都表现得稳定。[①]

从数据看，这的确是一种退步，按照德国古典哲学家谢林的说法，任何一种体系真理性的可靠试金石都不仅仅是解决先前那些无法解决的问题，而是自己提出真正全新的、以前不曾思考的问题。如果"CD指数"显示近80年的研究只是深化以往研究，而并非开出新领域，那的确是没有前进过。

如果是这样，我们需要对以往的发展和进步观念有所反思，过多地强调发展会掩盖真实：科学自身的退步变化。在知识方面，我们面临的情况是：科技发展并非开拓新的领域，而是深化以往的知识。但是，在技术方面，我们却面临着相反的情况：随着数字技术、人工智能等技术的发展，新的领域被开拓出来，产生新的工作岗位。如数据标注师就是这样一个新的职业类型。AI数据标注员被称作"人工智能背后的人工"。当前的人工智能也被称作数据智能，在这个发展阶段，神经网络的层数越多，神经网络越深，需要用于训练的数据量就越大。只有数据是没用的。对于深度学习来讲，数据只有加上标签才有意义，才能用于机器的学习和进化。数据标注最基本的就是画框，比如检测目标是车，标注员就需要把一张图上的所有车都标出来，画框要完全卡住车的外接矩形，框得不准确机器就

---

① Park, M., Leahey, E. & Funk, R. J. "Papers and Patents are Becoming Less Disruptive Over Time", *Nature*, Vol. 613, No. 4, Jan., 2023.

可能"学坏"。目前的数据标注公司基本采取"计件付费"的模式，标注员的待遇与任务量和难度直接相关，熟练工一天能标几千张图片，月收入最高过万。这项工作也有一定专业性，受过培训才知道怎么标、标得清楚，人也要认真细心。2020 年 2 月，"人工智能训练师"正式成为新职业并纳入国家职业分类目录。

那么，服务于社会发展的科学技术有哪些维度呢？其一，技术特征上都是以集群方式表现的技术；其二，技术内容上在人工智能、生物技术、新能源、新材料上是完全一致的。从本质上看，这些技术在于构建生活世界，在未来人工智能产品充斥着人类社会，甚至成为地球上可能的新物种，超级智能与人共生；生物技术是对于人类自身有更为全面的认识①，尤其是神经科学将打开大脑秘密并且有着改变大脑神经元链接的可能性。尽管科学技术可以在一定程度上增强人类，但同时会带来明显的社会风险，如自主权丧失。新能源使得传统诸如煤炭、石油等高污染低效能源被取代；而新材料将使得人体的疾病得到有效的医治。当然，从全球未来风险来看，应对气候变化是重要的问题，采用新能源有望应对这一危机。

三、科技的多元视角理解

反思和认识科学技术的视角呈现多元性，这是我们需要加以注

---

① 科学家在 2022 年初公布首个完整人类基因组，长读长测序技术（long-read sequencing）成为代表技术。2023 年，这项技术被《自然-方法》（*Nature Method*）选为年度技术。长读长能技术让研究人员看到完整的而非零碎的 DNA 片段，解读人类故事的整个章节，而非单个句子。

意的，这些视角包括文明视角、革命视角、时代视角和数字化视角。这些视角以一种混合的形式渗透在人们的认识中，需要我们加以一一辨识。

（一）文明视角

从人类自身的科技来说，伴随着社会发展出现，人类社会经过了农业社会、工业社会、信息社会和智能社会，文明也就因此而划分为农业文明、工业文明、信息文明和智能文明。从人类现实生活来说，又可以划分为物质文明和精神文明。因此两个文明要协调发展成为中国式现代化的主要特征之一。

（二）革命视角

革命视角主要是从社会产业范式变革来说，比如工业革命、信息革命、智能革命、基因革命等。工业革命明显是强调工业的重要性。从历史上看，发端于英国的第一次工业革命是资本主义对抗封建主义的体现，为了显示出资本主义的重要性，对工业革命的强调就变得可以理解。从现实来看，强调工业革命却是体现产业结构的特征。1978 年以来，"我国三次产业结构在调整中不断优化，总体呈现由'二一三'向'二三一'，再向'三二一'的演变趋势"①。从前两次演变的特征来看，工业处于第一位。因此，工业革命成为描述科技变化的词汇。在此基础上，我们可以见到第一次工业革命、

---

① 《"十四五"时期我国产业结构变动特征及趋势展望》，国家信息中心网，2021年 10 月 21 日。

第二次工业革命、第三次工业革命和第四次工业革命的说法。克劳斯·施瓦布也对此做过集中的说明。在他看来，第一次工业革命发端于18世纪的英国纺织业；第二次工业革命发端于19世纪末20世纪初的电力；第三次工业革命发端于20世纪50年代的信息论和数字计算机。第四次工业革命则是21世纪刚刚开始的包括人工智能、生物技术等。[①] 刘大椿教授也集中论述过四次工业革命、科技革命的关联。[②]

如今，四次工业革命的说法大多数人已经耳熟能详，但还是缺乏必要的反思。比如第一次工业革命与其他三次工业革命的差异是什么？从表面上看，第一次工业革命有明确的发源地，并且表现为工业产业的变革。但是后三次工业革命缺乏明确的发源地，更多表现为能源、技术等方面。从深层次来看，第一次工业革命有着象征意义，象征着现代性的工业表达；而后三次工业革命缺乏明确的象征意义，更多是一种对于社会发展的经验概括。

这种对社会发展的经验概括的明确表现就是诸如信息技术引发的信息革命、人工智能技术引发的智能革命和数字技术引发的数字革命。当然，由信息、智能和数字革命引发的意义并没有完全被解读出来。工业只是人类社会三大产业之一，除此之外还有农业和服

[①] ［德］克劳斯·施瓦布、尼古拉斯·戴维斯：《第四次工业革命：行动路线：打造创新型社会》，中信出版社2019年版，第5页。

[②] 刘大椿：《智能革命与第四次科技革命》，《山东科技大学学报》2019年第2期。

务业，它是社会的构成部分之一。然而信息、智能和数字缺乏并不是一样的。它们表现出前所未有的基质属性，也就是成为社会发展的基础框架和类似于基础建设的东西。

（三）时代视角

这种视角旨在将时代的特征进行概括，因此我们可以通过不同的名称看到时代特征，如机械复制时代、信息时代、大数据时代、数据—智能时代、元宇宙时代。这种讲法可以呈现技术与时代的问题，如科技如何塑造社会结构和社会文明形态？一般说来，蒸汽机塑造机械时代；信息技术塑造信息时代；网络技术塑造网络时代；数据科学与人工智能塑造数据—智能时代。从上述关联中，我们甚至可以概括出一种因果关系。在这种视角下，科技很显然具有了超越工具论的维度，不再表现为日常理解的解决具体问题的工具，反而具有一种塑造时代的作用。我们从中可以看到时代的根本特征。比如与工业时代相对应的是复制特征与智能时代相对应的是智能生成。工业时代的商品特征是大批量的复制生产。走在超市中，尽管见到琳琅满目的各种各样的商品，但是仔细看每一种商品毫无差异：你可以看到一排排生产日期、规模型号一模一样的物品，毫无差别，这就是机械复制时代的特征。但是这个词确实带有一个特殊含义，用来描述艺术作品遭遇的变化。本雅明（Walter Benjamin）在20世纪30年代使用过"机械复制时代"这个概念，他用这个词来说明机械时代的复制特征。这种复制特征在商品、艺术品中尤其表现明显。本雅明对艺术品的复制及其灵韵的消失作了很好的分析。如今，人工智能的发展大大改变了这一切。AIGC（AI Generated Content）的出现使得艺术作品被算法化，也就是算法可以产生令人惊叹的艺术作品。AIGC 是由 AI 生成的内容，特点是自动化生产、高效。2022年 9 月，杰森·艾伦（Jason Allen）使 AI 图像生成器 Midjourney 生成的绘画作品《太空歌剧院》在美国科罗纳州博览会上获得艺术比赛一等奖，引起了全世界的关注。

所以，和本雅明的机械复制作品相比，今天智能时代的艺术作品如果按照这个逻辑概论，"智能生成"是这个时代艺术作品的产生逻辑。这无疑是提出了新的问题。

另外，我们还可以看到其他的说法，如原子时代。"今天，人们说：我们进入到原子能时代、原子时代。就是这种看法使得我们有了理解这个时代的基础，即，随着这个时代一同出现的诸如此类的新生事物，它并不如此之快地因不断出现的某种新东西而贬值，我们在面对这些新生事物时，不得不回过头去，明确地把旧东西称之为旧的，[与新的东西]在性质上有区别。"① 伽达默尔这个说法的背景和第二次世界大战有着密切关系，原子弹的使用成为人类历史的一个重要标志节点。伽达默尔（Hans-Georg Gadamer）指出我们对时代的概括成为我们理解这个时代的基础，对于他而言，是新旧东西的变更。

---

① 严平选编：《伽达默尔集》，邓安庆等译，上海远东出版社 1997 年版，第86 页。

尽管伽达默尔提出了区分新旧之物的问题，但是对于今天这个时代略显老套，我们今天理解时代的基础不再是原子，而是比特和Token。弗罗里迪（Luciano Floridi）也曾经指出了这个变化。在我们看来，从实体变化来说，构成事物的基础变成了比特，这是所有数字对象和虚拟对象的本质所在。人们的生活方式也转变为在线生活。我们需要新的概念来理解这个时代。于是，数字智能时代与智能生成时代成了一个恰当的概念可以用来描述和理解这个时代。不仅艺术作品可以算法生成，而且文本也不能免，最重要代表是 GPT 系列。

ChatGPT 是 AI 公司 OpenAI 的发明，2020 年 OpenAI 发布 GPT-3，这是一个从训练数据上亿词语中搜索构建文本的大型语言模型，可以学习词句如何关联在一起做到文生文。换句话说，会遣词造句。在业界看来，GPT-3 能够从合法文件中概括精华来辅助计算机处理器，是 AI 的革命性事件。它激发了潜在应用程序限度的哲学问题。2022 年出现的 ChatGPT 是 GPT-3 的优化版本，能够以最优化方式参与用户对话，引发了业界的关注。如今 ChatGPT 的出现就提出了这样的问题，它对人类知识和能力的潜在影响非常值得担忧。这是人工智能赋能的对话器，可以应对用户需求产生令人惊异的、具有智能的文本，包括家庭作业、考试类型问答。学生利用这个算法可以生成论文摘要、文献综述，生成计算机代码，[1] 甚至可以通过医

---

[1] Chris Stokel-Walker, "AI bot ChatGPT Writes Smart Essays — Should Professors Worry?", *Nature*, Sept. 2022.

学考试、MBA 考试和司法考试等。学术界最大的担忧是，学生或者科学家可以欺骗性地把大模型写的文本当作自己写的文本或者以简单化的方式使用大模型生成一些作品，而且这些摘要审稿人很难识别。

所以，在智能时代传统的工具论思维把人工智能看作人类解决问题的工具会降低人类反思人工智能的高度。人工智能根本不是如同一把锤子、一个刀具这样的工具，而是相当于那种改变人类社会的事件。正如我们以上指出的，GPT-3、ChatGPT 带来的智能生成之物其意义远远超过机械复制的对象。机械复制的对象还有原物，其他对象均是人类原物的复制作品，其后果可以估计，充其量是数目的增多和意义的降幂，而智能生成对象远远超出了人类的想象和设计，并不是量的增多，而是质的变革，而且未来生产者不再是人类，而是大模型算法、智能体，在未来存在不确定因素。2025 年 2 月，我看到两个 AI 对话视频的故事，两个对话 AI 进行语言交流，在辨识到对方是 AI 之后，开始使用 GibberLink 的语言工具沟通，人类完全听不懂。这相当于屏蔽了人类，这一后果远远超出了人类的控制范围，难以被人类监管。

（四）数字化视角

现代化、工业化、智能化和数字化，这是我们在科技发展规划文件中常见的表述。现代化是多次党代会报告中的关键词，1982年党的十二大报告主题为"全面开创社会主义现代化建设的新局面"，1992 年党的十四大报告主题为"加快改革开放和现代化建设步伐，夺取有中国特色社会主义事业的更大胜利"；2022 年党的二十大报告主题为"高举中国特色社会主义伟大旗帜　为全面建设社会主义现代化国家而团结奋斗"。工业化是新中国成立以后国民经济"一五"发展计划中提出的任务，"为国家工业化打下基础，以巩固国防，提高人民的物质与文化生活，并保证我国经济沿着社会主义道路前进"[①]。党的二十大报告指出，坚持把发展经济的着力点放在实体经济上，推进新型工业化，加快建设制造强国、质量强国、航天强国、交通强国、网络强国、数字中国。[②] 有学者认为新型工业化的总体任务是实现从"有没有"到"强不强"的蝶变升级。[③] 可见，经过 70 多年发展，工业化已经从"制造汽车、飞机、军舰"发展到制造机器人、通用人工智能的新型工业化。数字化作为一个新的概念，越来越多地被用来概括经济社会发展的新动力和新趋势，数字化具有重塑社会结构形态的可能性。吴晓刚从社会学视角分析数字化的四重后果：一是数字化会重新定义社会位置和社会群体界限。二是数字化将改变人类参与经济与社会活动的工作方式，重新定义工作的含义。三是数字化将使世界变得更"小"，超

① 洪向华、石建国：《"一五"计划：新中国工业化的奠基之作》，《北京日报》2019 年 6 月 17 日。

② 习近平：《高举中国特色社会主义伟大旗帜　为全面建设社会主义现代化国家而团结奋斗——在中国共产党第二十次全国代表大会上的报告》，人民出版社 2022 年版，第 30 页。

③ 许召元：《如何走好新型工业化发展道路，有哪些产业机遇？》，和讯新闻网，2022 年 10 月 25 日。

越地理空间的限制，产生海量的大数据，将个体的行为和隐私精确记录下来。[①] 四是数字化是一个中立的概念，用来描述人类自身和社会变化的范畴。近年来，多位学者提出"深度数字化"来描述这个变动。这个概念既可以用来描述人类行为，也可以描述社会层面。[②]

在以上诸如文明、革命、时代以及数字化视角下，科技呈现出多元的理解方式，这也让我们看到了科技的复杂性表现。当然，这只是观念层面的展现，接下来，我们将呈现社会系统中科技的位置和意义。

第二节　作为社会系统构成因素的科技

科学是"一个复杂的、自组织的、不断发展的，包括学者、项目、论文和理念在内的多尺度网络"[③]，换句话说，是由社会结构、知识表征和自然世界之间复杂的相互作用驱动的一个动力系统。这是科学学研究提出的最有价值的命题之一。

① 吴晓刚：《数字化赋予社会结构变迁新动力》，中国社会科学报网，2021 年 8 月 20 日。

② 最早提出这个概念的哲学学者是中国社会科学院段伟文研究员，2017 年他主持的国家社科重大项目"智能革命与人类深度科技化前景的哲学研究"（17ZDA028）就是深度智能化的哲学反思这方面的问题。

③ Santo Fortunato et al. "Science of Science", *Science*, Vol. 359, Mar. 2018.

一、何为科技系统？

在通常的理解中，社会是一个系统，包括政治、经济、科技、文化等，科技表现为一个更小的系统。从上面的描述可以看出，科技系统包括的因素诸多，如学者、项目、论文和理念。用熟悉的语言进行转化，学者也就是关系到人的问题；项目关系到经费；论文关系到研究成果的产出和转化；理念则关系到何种世界观。而一般的分析往往看重前面三种因素，对于第四种因素也就是理念因素完全忽略。

从人员因素来看，可以区分出个体和团队两种因素。首先是精英个体。精英个体主要是指离散状分布的个体科学家。在我们通常的理解中，这类科学家往往是指顶级人才，类似于诺贝尔奖获得者。次之是中国及各个国家的院士。中国的人才体系，划分为研究员、教授、院士级别。根据中国科协创新战略研究院在第二十四届中国科协年会上发布的《中国科技人力资源发展研究报告（2020）》显示，截至2020年年底，我国科技人力资源总量为11234.1万人，稳居世界首位。可以说1/14的人口是科技力量。2000年国家设立最高科学技术奖，截至2022年，共有29位科学家获得最高科学技术奖。这些人代表了中国最高科技水平。其次是团队有组织的队伍。在中国一般团队多为院士牵头，然后依托实验室构成。在团队贡献方面，大团队偏向引用新文献，捕捉流行的研究。小团队在研究过程中，对过去的文献追溯更深，思考深入，从而提出新想法，实现"颠覆性"的创新。① 还有一项研究表明：小团队比大团队更有可能产生颠覆式创新。② 这意味着我们所说通过有组织的科研建立的团队不应该局限在大型团队，还应该培养短小精悍的小团队，在颠覆性创新上有所突破。

科技工作者的数量是衡量一个国家创新程度的指标之一，另外还有一个世界科学中心。世界科学中心形成的条件是人才的聚集。但是最近一项研究表明：一个地区在某个科研领域是否能够建立领先地位，与投身其中的科学家的数量没有直接关系。③ 这一结论的得出意味着两个方面的问题：一是取决于团队，这是更为根本的因素；二是人员的质量。科技工作者人口总量只是一个基本指标，不能作为重要指标来对待。而且人数还要讲求质量，也就是说，人员要转化为人才，这样人员的优势才可以充分体现出来。

从项目因素看，与研发投入经费有关。很多科学研究的研发投入都是以项目申请的方式进行。2005 年启动的瑞士脑计划（Blue Brain Project）由瑞士洛桑联邦理工学院脑与心理研究所主持，旨在通过利用分子层级的哺乳类脑部逆向工程建立电脑模拟脑，来"复制"人脑所有的活动，以及内部发生的各种反应。主要进展是

① Lingfei Wu, Dashun Wang, James A. Evans. Large Teams Have Developed Science and Technology; Small Teams Have Disrupted It. https://arxiv.org/abs/1709.02445.

② Santo Fortunato et al. "Science of Science". *Science*, Vol. 359, Mar. 2018.

③ Vito D.P. Servedio et al. "Scale-free Growth in Regional Scientific Capacity Building Explains Long-term Scientific Dominance", *Chaos, Solitons & Fractals*, Volume 167, 2023.

对小鼠脑组织和整个小鼠大脑的数字副本进行重建、模拟、可视化和分析。未来工作致力于重建、模拟和操控更大规模的神经环路，实现整个大脑区域的数字重建和操控。[①]2013年欧盟启动的人脑计划（Human Brain Project）包含六大平台，目标是建立最先进的研究基础设施，使科学和工业研究人员能够在神经科学、计算和脑科学相关的医学领域提高人们的知识。2013年4月，美国总统奥巴马启动脑计划（Brain Research through Advancing Innovative Neurotechnologies），旨在加速新技术的开发和应用，生成大脑动态图片，展示个体脑细胞和复杂神经回路如何在时间和空间上相互作用。日本脑计划［Brain Mapping by Integrated Neurotechnologies for Disease Studies（Brain/MINDS）］于2014年启动。该计划包括三个主题：绘制非人灵长类（猕猴）大脑的结构和功能图谱，发展创新神经技术，人类大脑的结构功能重建和临床研究。中国脑计划的名称为"脑科学与类脑科学研究"（Brain Science and Brain-Like Intelligence Technology）。陆林教授介绍，2016年3月发布的"十三五"规划纲要将"脑科学与类脑科学研究"列为国家重大科技创新和工程项目。并且成立了北方中心和南方中心。2021年中国脑科学计划正式启动。[②]中国的"脑科学与类脑科学研究"有一些独

[①] EPFL—Blue Brain Project.[2023-01-28]. https://www.epfl.ch/research/domains/bluebrain.

[②] 陆林院士在第十五届中国医师协会神经内科医师年会（CNA2022）所做的"国内外脑科学计划研究现状及发展态势分享"学术报告。

特的地方。一是中国脑计划把脑疾病和脑启发的人工智能（AI）放在特别优先的位置；二是中国的各种脑疾病人数是世界上最多的，这使得对于脑疾病的预防、早期诊断和早期干预的研究尤其紧迫，同时也为研究提供了最大的数据支撑；三是未来发展方向与经费充足。[①]2021 年，已部署指南方向 59 个，国拨经费概算 31.48 亿元。[②]根据《科学》（*Science*）报道，中国未来 5 年投资（预算）50 亿元人民币（7.46 亿美元）发展"中国脑计划"（CBP），整体规模有望达到百亿甚至千亿级，比肩美国的"脑计划"。

从论文因素看，关系到科研成果的转化、产生，也就是纸变成钱。发表文章的数量呈指数增长，但新概念是随着时间的推移以线性增加的。[③]对于科学论文的意义，要考虑到两个方面，一是转化为现实成果；二是在未来的影响力。对于第一个方面，需要一个机制作为保证，对于第二个方面，可以通过特殊方法进行测量，如微观模型追踪了引文积累的动态，使我们能够预测单个论文在未来的影响力。[④]在衡量论文因素的时候，要看到意义和问题这两个方面，否则会产生错误的结果。

从理念因素看，科学家首先是一个完整的人。完整的人是双重的，一方面是具有极高的科学素养和知识；另一方面具有道德良知。

---

① 《中国脑计划与中国神经科学的未来》，国家自然科学基金委员会网，2018 年 2 月 7 日。

② 《"中国脑计划"已启动，建立中国人脑健康多维度大数据库》，2021 年 10 月 28 日，载光明网。

③ Santo Fortunato et al. "Science of Science". *Science*, Vol. 359, Mar. 2018.

④ Ibid.

只有这样他才能够意识到科技知识存在的危害和风险。具有很高的科技伦理意识的人，才能存有人类安危的意识。2007 年徐匡迪院士指出，"相当一段时间以来，工程教育中重物轻人，重理轻文的现象相当严重"①。于是，工程师需要哲学思维以及工程哲学成为重要的补课内容。2020 年，科学界的这种危机意识变成现实举措，中国科学院成立哲学所。这在中国属于突破性的事件。中国科学院院长白春礼院士解释了这个问题："在中科院成立哲学所，正是为了聚焦于科技发展和科技前沿中的基本哲学问题，以及与哲学紧密相关的科技问题，从哲学角度助力科技创新，为中国科学的跨越式发展，乃至未来的科学革命，寻求更为坚实、更富活力的概念基础。"② 可以看出，科学界与工程界对于哲学的看法存在根本的差异：在工程界看来，工程师缺乏哲学思维和人文关怀，所以需要补充缺失，这可以概括为"缺失说"；而在科学界看来，哲学作为科学的引导者，如果把科学力量之源放在哲学，而不是应用上，在哲学的帮助下，科学可以取得跨越式的发展。我们把这概括为"源泉说"。相比之下，源泉说更符合现象学原则，在现象学看来，科学需要奠基，其基础在于生活世界。当然这是一个比较狭窄的理解。但是很显然，源泉说要比缺失说更加接近问题本质。因为前者把哲学看作是知识，学习到这种知识就可以弥补缺憾，很显然这难以摆脱哲学中历来存在

---

① 徐匡迪：《工程师要有哲学思维》，2007 年 6 月 20 日，东方网。

② 孙庆玲：《中科院哲学所揭牌　白春礼：未来的科学革命离不开哲学思想的激发和引导》，中国科学院网，2020 年 9 月 25 日。

的知行不合的悖论，即便弥补了空白的知识，也难以转化为实践行动，问题依旧会出现。而源泉说则抓住了科学跨越式发展和革命的根本是哲学思维。相比之下，孰高孰低一目了然。当然，我们的根本目的并不是要比较两者，而是从分析中澄清理念对于科学技术来说的重要意义，它不是某种增强科技发展的点缀性元素，而是科技发展的原动力。

二、教育、科技与人才

教育、科技、人才被看作现代化建设的系统性元素，是国家现代化建设的强大支撑。它们具有基础性支撑和战略性支撑两个重要地位，两者的地位又有所不同。"科技是第一生产力，人才是第一资源。"[1] 党的二十大报告对教育、科技、人才作出一体化部署，要求加快建设教育强国、科技强国和人才强国。

（一）教育因素。在科技强国的建设理论中，教育起到的作用是非常明确的。"加强基础学科、新兴学科、交叉学科建设，加快建设中国特色、世界一流的大学和优势学科。"[2] 这一点抓住了整个科学发展的关键。纵观国外科技史就会发现，高等教育能够极大促进科学技术的发展。在自然科学发展中，物理学和数学属于基础学科，而这些基础学科起到的作用类似于"内功"，在应用方面并不见长，

---

[1]　习近平：《高举中国特色社会主义伟大旗帜　为全面建设社会主义现代化国家而团结奋斗——在中国共产党第二十次全国代表大会上的报告》，人民出版社2022年版，第33页。

[2]　同上书，第34页。

但是他们的基本概念构造了我们的世界。卡尔纳普（Paul Rudolf Carnap）分析指出："科学的任务是发现真命题并加以次序安排，这个任务的实现首先是建立一个构建系统，即引进概念，其次是确定这些概念之间的经验联系。"① 而在这个过程中，物理学和逻辑的概念至关重要。20 世纪，物理学的"原子"概念深入人心，甚至原子时代应运而生。今天，"数字""数据"概念开始取代原子，数字时代、数据时代成为统治性概念，并构造起世界。2022 年元宇宙、虚拟现实都是基于比特、数字这样的概念。逻辑是构造世界遵循的形式规律，比如简单与复合、同一性等原则。新兴学科相当于最新出现的前沿性领域，掌握这一领域非常重要。此外，交叉学科和跨学科是科学创新力的最主要形式。大多数创新都发生在科研网络的边缘地带。② 这一点也得到了证实，"新的和既有元素的混合是成功科学进步的最安全的途径"③。

所以，从基础学科、新兴学科和交叉学科等三个学科突破是非常重要的，基础学科关系到能否突破；新兴学科关系到突破的具体点；交叉学科甚至可以看作突破的方法要求。

（二）科技创新因素。在推进中国式现代化建设中，创新的核心地位是非常明确的。坚持创新在我国现代化建设全局中的核心地位。完善科技创新体系需要从多方面入手：从党的领导来说，党领

---

① ［德］鲁道夫·卡尔纳普：《世界的逻辑构造》，陈启伟译，商务印书馆 1999 年版，第 348 页。

② Painter, D.T et al.Innovations are Disproportionately Likely in the Periphery of a Scientific Network. *Theory Biosci*. 140, 391–399 2021.

③ Santo Fortunato et al."Science of Science". *Science*, Vol. 359, Mar. 2018.5.

导科技工作，实施举国科研的体制。中国人口众多，实施举国体制有其优势，中国科研工作人员数量已经居于世界首位。从力量来看，国家科研机构、高水平研究型大学、科技领军企业、国家实验室是四类国家科技力量的源头，在此基础上构建国际和区域科技创新中心。① 事实上，在科学史上，科学中心主要表现为区域性，比如美国的硅谷。从保障上来说，体制改革、评价制度改革、加大研发投入、加强知识产权保护是主要的保护。从科技体制来说，涉及资源的配置，也就是项目的配置问题。从评价制度来说，各类人才计划、帽子工程是人才评价的重要指标，论文也是指标之一。目前，评价体制的改革势在必行，破五维就是一个明显的信号。习近平总书记指出，广大理论工作者"从国情出发，从中国实践中来、到中国实践中去，把论文写在祖国大地上，使理论和政策创新符合中国实际、具有中国特色"。② 以往评价制度以发在国外权威期刊如 *Science*、*Nature*、*Cell* 等刊物上的为最高评价，现在是把论文写在祖国的大地上，论文能够为解决中国实际问题提供思路。③ 还有把纸变成钱。论文发表之后不能停留在刊物上，在学术圈流转甚

---

① 2023 年 1 月 30 日召开的上海市委深改委会议审议《关于促进新型研发机构高质量发展的若干意见》，提出要聚焦机构运行体制、考核评价体制、统筹推进格局等措施，加快建立与国际接轨的科研治理机构和组织形式，形成符合机构设立目标和科研规律的评估办法。

② 习近平：《在经济社会领域专家座谈会上的讲话》，中国政府网，2020 年 8 月25 日。

③ 《把论文写在祖国大地上》，光明网，2020 年 8 月 30 日。

至变成传说，而是要进入现实生活世界，产生经济效益。这涉及科研成果的转化。复旦大学赵东元团队就是一个很好的例子，他把获得国家自然科学奖一等奖的成果"有序介孔高分子"进行了很好的转化。1998 年赵东元团队发表了一篇里程碑式的论文，一下就将孔径扩增到 10 纳米以上，后续又将其逐步扩增到 50 纳米，而介孔材料在催化、日化、生物医药、环境保护、能源等领域具有重要应用价值。2021 年 12 月，赵东元团队用专利作价投资，与合作方成立山东复元新材料科技有限公司。学校把该专利的使用权赋予团队，未来将享有公司收益的 30%。[1] 在国际上，也很注重科技成果的转化。诺贝尔生理学和医学奖获得者坎德尔（Eric Kandel）在记忆研究上取得成功，很快就诞生了开创公司的想法，"1996 年，我们四人成立了一家新公司：记忆制药"[2]。从科技文化角度看，创新文化、科学家精神、优良学风和创新氛围都属于重要的内容。除此之外，还应该把科技伦理作为文化因素纳入其中。从国际交流来看，重视国际之间的合作交流非常重要。但是，在国际之间的合作交流却也总是与"卡脖子"的各种各样的国家安全、法律制度、文化观念相伴随。这些都增加了创新因素发挥的难度。

---

① 《获国家自然科学奖一等奖的技术成果如何转化？复旦赵东元团队走过一条曲折的路》，上观新闻，2023 年 1 月 28 日。

② ［美］埃里克·坎德尔：《追寻记忆的痕迹：新心智科学的开创历程》，喻柏雅译，中国友谊出版公司 2022 年版，第 347 页。

　　除了强调创新和核心地位之外，科技创新还要强调创新驱动发展战略的实施。其中坚持四个面向非常重要：面向科技前沿、面向经济主战场、面向国家重大需求和面向人民生命健康。面向科技前沿，不仅要明确科技发展趋势与前沿技术，还要关注这些新兴技术带来的社会风险和伦理问题；面向经济主战场，是技术与经济的关系决定的，科技是第一生产力，能够促进经济结构转型、产生新的职位。历来科技革命与产业革命是紧密结合在一起的。发展科技势必带来经济变动。面向国家重大需求，这是科学家个体选择课题的重要根据。一项研究显示：这些选择是由进行传统研究和创新的风险之间的紧张博弈而决定的。坚持其领域研究传统的科学家通常会通过发布一系列稳定的不断的研究成果来推动研究进程，从而显得富有成效。[1] 但是，从政治层面考虑，科学家必须把国家的重大需求放在第一位，这也是我国的科学传统的特征之一。历史上很多优秀的科学家把国家利益放在首位，而不是其他。面向生命健康，科学研究的最终目的是确保人民的生命健康。这在神经科学和医学来说是至关重要的。以中国脑科学计划为例，蒲慕明描述的一体两翼框架就是如此，脑科学的突破要为脑疾病的治疗提供基础。

　　（三）科技与教育的关系。从教育方式的变化来看，教育数字化是办好人民满意的教育的内容之一。教育数字化是指教育方法的数字化应用，把各种各样的教育场景数字化，让理论变得更加具象化。

---

[1]　Santo Fortunato et al. "Science of Science", *Science*, Vol. 359, Mar. 2018.

思想政治教育和历史教育尤其如此。把各种红色文化场景利用数字技术虚拟现实化尤其能够提升教育效果。2022年"数字党建"高峰论坛举行，福建"网龙元宇宙党建"因结合了当下热门的元宇宙技术，成为焦点。体验者像登录微信一样登录"网龙元宇宙党建"，以数字人分身的形式参与各类党建活动，与其他用户"面对面"交流，在各种三维虚拟背景中召开不同主题的会议，足不出户参观各类红色展馆、景区，在AI引导下快速高效地完成各项党务工作。[①] 同时上海也尝试了元宇宙党建这一新形式。在这里，参访者以数字化身的形式通过手机、网页或可穿戴式设备，参与各类党建活动，开展党史学习、品牌创建等党建活动。[②] 可见，利用新技术提高吸引力，教育效果更为突出。历史教育利用数字化手段可以拉近与历史对象的距离，使人沉浸于历史场景从而产生更好的认同感。读史而明智，学习历史经验不重犯历史的错误，并且通过学习历史建立文化历史认同和情感。虚拟现实和增强现实很显然能够实现历史沉浸体验，从而达到历史教育的目的。此外，在科学知识的学习中，利用数字化技术能够直观呈现学习对象的原理、机制。我国建立了很多数字虚拟仿真实验室就是把物理对象的原理给予直观化呈现。医学生还可以利用各种数字虚拟人完成手术模拟。

（四）人才因素。"培养什么人、怎么样培养人、为谁培养人是

① 《"数字党建"高峰论坛举行 "元宇宙党建平台"亮相》，数字中国建设峰会网，2022年7月21日。

② 《上海首家企业元宇宙党建空间上线》，闪电新闻网，2022年12月5日。

教育的根本问题。"①培养什么样的人和为谁培养人是相同的，都与培养人的政治性与道德性有关。人的政治性是指党的教育方针、政治观念贯穿于教育中，尤其是对党史的认识、党的认同。第一位是以人民为中心。人的道德性是根本，"育人的根本在于立德"。比如传统美德的培养、职业美德的培养都属于此。怎样培养人是方法问题，利用最为新兴的技术手段肯定可以提高教育效果和效率。

就科技强国来说，人才的专业性是建立在人才的道德性与政治性之上的。确保必要的科技人才数量、提升科技人才质量都属于这些内容。前面对人才的分析主要是从人员角度进行，尤其是区分了团队与个体人员。在我国科技创新过程中，人才中心和创新高地的建设是重要任务。"加快建设世界重要人才中心和创新高地，促进人才区域合理布局和协调发展，着力形成人才国际竞争的比较优势。"②此外，国家层面如国家战略人才、战略科学家的培养；科学人员方面有一流科技领军人才、青年科技人才；工程人员方面有卓越工程师、大国工匠、高技能人才。这些都与人才的规划密切相关。另外，关于用人也有明确的说明，如党管人才、精心用人，等等。

三、科技对社会的作用

科技推动着社会的变革，比如改变经济增长方式、产业结构。

---

①　习近平：《高举中国特色社会主义伟大旗帜　为全面建设社会主义现代化国家而团结奋斗——在中国共产党第二十次全国代表大会上的报告》，人民出版社 2022 年版，第 34 页。

②　同上书，第 36 页。

"250年来，三次工业革命改变了人们创造价值的方式，也改变了整个世界的面貌。每一次工业革命中，技术、政治制度和社会制度共同演化，不仅改变了行业本身，而且改变了人们看待自身、相互联系以及与自然界相互作用的方式。"① 这种改变是经验世界内不同要素之间的相互作用。换句话说，技术因素与经济因素、政治因素、社会因素等都属于并列的经验因素。我们甚至可以用物体的相互作用力等范畴来解释这种改变。

从现代看，科技的作用远远超越这一点，机械式力学解释无法回应现实发生的一切。比如信息网络技术使得在线生活成为可能，在线购物、在线课堂、在线会议成为常态。元宇宙技术的出现更是如此，使得娱乐、商业、党建、学术等场景发生重构，每个人都可以借助数字化进入元宇宙场景进行活动。在经济术语中，把数字化技术看作是"数字基础设施"。② 一种全新的模式正在开启，也因此在这一意义上，查尔莫斯说虚拟现实开始具有了真正的现实性。

这种改变就是科技产生的风险。需要我们加以区别认识。世界经济论坛把风险范畴划分为五类：经济风险、环境风险、地缘政治风险、社会风险和技术风险。在全球风险风景中关于技术风险表述为"前沿技术的有害结果（Adverse outcomes of frontier

---

① ［德］克劳斯·施瓦布：《第四次工业革命》，李菁译，中信出版社2016年版，第5页。

② 《谈中国数字基础设施的建设之道：积厚成势实现高水平科技自立自强》，澎湃新闻网，2022年11月9日。

technologies）、数字权力集中（Digital power concentration）、数字不平等（Digital inequality）、关键性信息基础设施崩溃（Breakdown of critical information infrastructure）、普遍网络犯罪和网络不安全（Widespread cybercrime and cyber insecurity）"。所谓数字权力集中是指关键性数字资产的集中、能力或知识集中在少部分人手中、控制数字技术获得的企业或国家、对于关键技术的国家控制等。数字不平等指源自投资不足、低数字技巧、不充分购买力、政府限制等方面对数字网络和技术的获得的散乱现象。[1]

　　针对这些风险，必须考虑人与非人因素的治理机制。人的因素如非理性的使用，则变成滥用。英伟达在 NeurIPS 2022 会议上发表了隐式扭曲（implicit warping）框架，可以生成更为逼真的图像，能够伪造换脸。[2]学术界把这种做法称为"视频模仿"，这个名称实际上减弱了问题的风险。如果好事者借助这种技术合成相应的视频，然后威胁、勒索就会产生很大的风险。这并不是滥用技术而产生的风险，而是有目的的实施犯罪行为，比如利用生成视频勒索其他人。非人为因素与组织、机制有关，针对这种情况，风险治理就涉及很多的相关者，主要包括地方政府、中央政府、国际组织、企业、公私合作、双边、多国的、区域的。

---

　　[1]　The Global Risks Report 2023 18th Edition. https://www3.weforum.org/docs/WEF_Global_Risks_Report_2023.pdf.

　　[2]　Arun Mallya et al. Implicit Warping for Animation with Image Sets. https://arxiv.org/pdf/2210.01794.pdf.

然而，我们需要意识到，如果是经验层面的风险，那么借助上述机制是可以有效防治的。比如针对气候变化，治理至少包括技术层面（与气候有关的研发技术）、制度层面（全球合作、地方政府的合作、国家颁布的法规文件）、主体层面（企业、政府应该承担责任有所作为）、文化层面（树立起环保观念和形成文化）等。但是如果是根本上的风险，比如人的思维方式被重构、整合，在这个过程中，价值观、观念都在发生变化。仅仅依靠经验层面的治理方式远远不够，而需要触及理念层面。

第三节　科技强国战略与其他强国战略的关系

在建设强国的目标上，除了科技强国之外，还有教育强国、人才强国、文化强国、体育强国等维度。党的二十大报告勾勒出五维强国的格局，这个强国格局包括五个方面：科技、教育、人才、文化、体育。这就意味着我们需要面临一个新的问题：科技强国战略与其他强国战略之间的关系？其中前三者的关系在"实施科教兴国战略，强化现代化建设人才支撑"部分中已经有系统论述。但是对于后两者的关系讨论并不多。这就构成本节的主要内容。

一、科技强国的双重理解

对于科技强国，我们可以提出这样的问题：科技强国是指科技强大的国家呢，还是用科技使得国家变得强大？这个问题的提出关系到对科技强国的理解，这两个问题存在着根本差异。

在前一个问题中，科技是形容词，形容科技方面处于领先状态，确切地说"科技实力强大"。如果我们把实力划分软实力和硬实力的话，与科技密切相关的因素如科研人员数量、研发投入、成果产出以及制度建设等就代表硬实力，科技创新也是从成果角度来考虑；而软实力则是指科学素养、科技伦理意识、创新文化以及科学文化等方面。如按照这个"强大"逻辑来说，人员方面可以通过扩大招生面使得科研工作人员中青年科技人员的占比变大，但是如何培养大师、战略科学家以及一流科技领军人才关系到人员的质量，国际上把大学获奖数量看作衡量指标说明人员质量的重要性。说到底，质量高于数量。这在科学中也是明显的。当然，技术人员略有差异，强调技能培养。高级别人员中卓越工程师、大国工匠、高技能人才是重点。然而拥有高级人才是一个基础条件，更为重要的是合适的土壤，也就是团队。前面我们也提及团队的重要性，如此考虑到这种关系，这些高级人才是带领团队的，这样才可以持续保证整个科学的成长。所以高级人才不仅在专业方面造诣深，而且在带领团队方面具有一定的识才、用才能力，还要有惜才和同理心，更要有爱才、育才的宽容心。所以，从对人员的考察中我们获得这样的结论：人数多不等于强大，质量高才等于强大；而单纯质量高并不是真正的强大，能够建立高质量的人才团队才算是真正的强大。

从科研投入来说，投入要高。截至2022年，中国的年研发经费

投入突破了 3 万亿元。（见图 2）

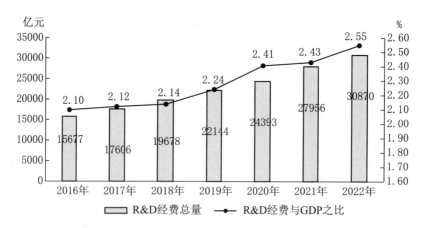

图 2 2016—2022 年全国 R&D 经费投入强度

资料来源：《2022 年我国 R&D 经费突破 3 万亿元与 GDP 之比达 2.55%》，国家统计局网，2023 年 1 月 20 日。

对于研发投入有学者提出要理性认识。韩凤芹指出，片面强调研发投入强度有一定风险。① 这是很合理的认识，只是在应对举措上，作者未能摆脱传统思路。她指出，应建立研发投入绩效评价机制，强调以高质量的产出为导向的研发投入。这意味着还是遵循了高投入到高产出的思路。的确，一个国家的研发投入数值往往是衡量一个国家创新体系的关键。在早期，高投入可以确保高产出。但是在一定时期，不同国家、不同产业都出现了相应的悖论：高投入没有带来高产出。瑞典的创新发展，也曾经出现相同的悖论，我称之为"瑞典式悖论"。"瑞典式悖论的描述显示了一个客观事实：表

① 韩凤芹：《建设创新型国家需全面认识研发投入强度》，《中国财经报》2021 年 1 月 12 日。

现为投入与产出之间的悖论。……高投入与低增长等。这些都是瑞典悖论现象的表现形式。"[1] 没有经费投入，科技便无法启动。现在高校对于引进人才配备一定的科研启动费，这一点是值得肯定的做法，必须提倡。很多高校给新人配备 1 万元的科研启动费，对于高水平引进人才配备 100 万元左右的科研启动费，在一定程度上帮助教师研究事业的启动和开展。这种情况是有投入必有收获。当科研进入平缓期时，再多的投入未必一定能见到明显的收益，也就是出现了"瑞典式悖论"的情况。而在科研事业起步或者初创时期不给予投入，实际上出于一种观望心态，明面上是规避风险，实际上是一种不敢于承担责任的做法，即便是给予投入也会严加考核。所以在合适的时机有着高投入，则会保证高产出，这两者之间形成良好的契合关系，才是科研强大的根本。

从成果产出来说，大量产出并不一定是强大的标志。很多论文是平庸之作，这类论文对科学发展毫无益处，徒增数据而已。如果我们把研究成果分为两类（巩固型研究和颠覆型研究）。这样的区分有助于我们分析这个问题。如果说巩固型研究继承过去研究结论，并沿着已有的研究方向进一步改善、深化，那么这类论文发表越多意味着我们对已有技术和科学理论的完善，这相当于库恩（Thomas Kuhn）的科学常规时期，在这个时期完善科学就可以。20 世纪初物理学的发展似乎就处于这样一个时期，大的理论框架已经确立，物

---

[1]　杨庆峰：《瑞典创新模式的历史特征分析》，《社会科学》2015 年第 8 期。

理学家只需要修修补补物理学的大厦，这样的情况科学并无法取得突破性进展，也不是强大的表现，反而呈现暮年老朽之状；所以体现科研强大的成果产出应该是指第二类科研成果，也就是颠覆型研究。这类成果的作用是推翻过去的研究结论，或是开辟出全新的研究领域，或是根本上扭转研究方向。这很显然会推进科学进步，是真正强大的表现。说到这类成果，具有两个特征就是科学变得强大的充分条件。一是更多的跨学科研究平台或中心的建立。正如前面已经指出，颠覆性成果也就是创新成果多出现在学科边缘和交叉地带。所以提供必需的平台和确保学科能够动起来的机制就显得非常重要。二是团队特征。前面分析也指出，小团队善于提出问题，大团队善于回答问题。大团队是有组织的科研，构建大团队是要确保能够回应现有的问题。小团队则是提出问题，其实要做到这一点并不容易，它意味着思维要善于突破，要保持敏感和开放自由状态。

在第二个问题中，科技是名词，代表着"一种有效工具"，利用这种工具使得自身变得强大，这个强大很可能是整体状态，包括政治、经济、军事和文化。但是，作为形容词，科技强大并不等于整体强大。科技强大等于整体强大属于科学主义思维，忽略了科技自身的辩证属性。从历史上看，人类思维早就意识到科技具有双面性的特征。早在柏拉图时期，曾经分析过技术是解药还是毒药的问题；在马克思主义哲学中，科技具有双刃剑效应。受这些思维的影响，在生活中，科技是天使还是魔鬼就成为一个令人纠结的问题。所以，受这种双面性的影响，科技强大也意味着双面性的放大，魔鬼、毒药的一面会被迅速放大。

利用科技使得一个国家变得强大，这很显然在历史上有所证明。英国通过工业技术成为世界强国；美国也借助科学革命跃居世界强国。这些国家拥有创新成果、颠覆性的技术。这些技术的革命效应并非线性，而是块茎状的，类似于神经元链接。一旦产生作用，立刻会触发强大的效应。这也就是人们所说的机遇。此外，利用新兴科技可以导致人类自身变得强大，如超越生理限制。[①] "生物技术将改变未来，也终将改变我们人类自身。"[②]

二、其他强国战略之间的关系

党的二十大报告中，战略一词很重要，出现了 43 次之多。比如第四部分"加快构建新发展格局，着力推动高质量发展"中出现"区域协调发展战略、区域重大战略、主体功能区战略、新型城镇化战略"；第五部分"实施科教兴国战略，强化现代化建设人才支撑"中出现"科教兴国战略、人才强国战略、创新驱动发展战略"。

可以见到，科技兴国战略和其他战略是补充关系。这意味着科教兴国、人才、创新驱动发展实际上是社会系统元素。这种关系有其社会学理论根基，科技、社会、人才、教育等都是社会发展的系

---

① ［美］迈克尔·加扎尼加：《人类的荣耀》，彭雅伦译，北京联合出版公司 2016 年版，第 377 页。

② ［德］克劳斯·施瓦布：《第四次工业革命》，李菁译，中信出版社 2016 年版，第 187 页。

统元素。

因此，我们可以把科技强国与其他强国战略的关系从社会系统的角度进行阐述。相对来说，科技强国战略构成主导战略，这一战略确保科技顺利健康发展，为国家的发展和国际竞争提供动力，也为人民的高质量生活提供保障。而其他战略作为补充，比如区域协调发展、新型城镇化、人才强国以及创新驱动，等等，也都从科技战略中借力。最终这一切都是围绕给人民带来美好生活服务的。

总之，科技强国是内核战略，而其他战略构成了保护带，这些战略可以随着国情、国际环境发生调整，但是科技强国却必须坚持不动。因为，它是一个国家发展的根本动力来源。

第四节　总结

本章分析澄清了科技在国家现代化建设中的地位。正如刘大椿教授指出的，科学技术的发展和应用是现代化建设成功的关键，因而"科技强国"是我国迈向现代化强国的战略抉择。在国家现代化建设过程中，科技起到驱动力的作用。从科技是第一生产力提出之后，再到信息、算力成为力量的具体展现。但是我们要看清科技在社会中的作用。作为系统性因素，科学以前是构成社会系统的要素之一，但是现在已经展现出重构和重组的力量。另外，也必须注意到科技先天的双重性作用。一方面是积极的一面，带来机遇；另一方面是消极的一面，带来意想不到的挑战。

在此基础上，科教兴国战略与其他强国战略之间是互补的。我们需要把这种关联做一个区分。作为系统因素，科教兴国战略与其他战略如同机器齿轮一般，恰当咬合，一起驱动社会稳步向前发展。科技作为重组力量是化身在其他战略之中的。比如教育强国战略中必须关注新技术的应用，如教育的数字化。人才强国战略中，首要的是科技人才的培养。

只有定位明确了，一切才可以很好地展开。我们能够抓住主要矛盾。对于科技发展来说，主要矛盾已不是研发经费投入不足。到2024年，我国全社会研究与试验发展（R&D）经费支出已经达到36130亿元，这个数字居于世界第二位。① 接下来的问题是如何确保高投入高产出。还有就是科技人才的培养问题，我国的科技人口基数已经超过美国，突破"卡脖子"问题已是关键。

---

① 《2024年我国研究与试验发展（R&D）经费超过3.6万亿元》，中国政府网，2025年1月23日。

第三章　建设科技强国的内在意蕴

对于中国来说，构建科技强国意味着什么？解决这一问题需要建立一个牢固基础，这就是当代中国科技强国的内在意蕴。我们可以从四个层面来解释内在意蕴：从创新能力看，科技强国意味着拥有强大的自主创新能力；从科技创新体系看，科技强国意味着拥有具有活力的国家创新体系和治理体系；从科技制度保障角度看，科技强国需要新型举国体制的保障；从战略力量看，科技强国意味着拥有强大的国家战略科技力量。

第一节　科技强国意味着强大的自主创新能力

一、科技强国意味着强大的创新能力，能够做到创新为本

"创新始终是推动一个国家、一个民族向前发展的重要力量。"①

_____

① 习近平：《论科技自立自强》，中央文献出版社 2023 年版，第 96 页。

在改革开放和社会主义建设新时期，我国发展动力一度是要素驱动、资源驱动，导致资源和环境极大消耗。为了改变这一点，习近平提出："我们必须认识到，从发展上看，主导国家发展命运的决定性因素是社会生产力发展和劳动生产率提高，只有不断推进科技创新，不断解放和发展社会生产力，不断提高劳动生产率，才能实现经济社会持续健康发展。"[1] 要提升自主创新能力，需要做到四点：一是紧扣发展，把握正确方向；二是强化激励，集聚创新人才；三是深化体制机制改革；四是扩大开放加强国际合作。创新的中国不断实现突破性发展，中国的创新也对世界作出贡献。"近代中国，因缺乏创新而落伍；当代中国，正以创新驱动发展。中国的创新驱动发展战略及其伟大实践，正在为世界发展开辟新图景、新未来和新路径。"[2]

创新不仅具有生产性，还具有破坏性。在讲创新的时候，要兼顾它的两重性：生产性和破坏性。生产性与创造有关的能力。当前，对于一个国家来说，重大原始创新成果的形成需要具备两个方面的条件：内部条件和外部条件。内部条件是指与科技有关的原始创新能力，也就是经常说的使得从 0 到 1 的能力。外部条件是外部冲突背景下需要通过特定手段取得胜出的方式。多数学者喜欢用从 0 到 1 的转变过程，也就是产生新的东西。创新的破坏性，这个概念与

---

① 习近平：《论科技自立自强》，中央文献出版社 2023 年版，第 97 页。

② 李万：《中国式创新：世界的新未来和新路径》，《科技中国》2019 年第 5 期，第 37 页。

奥地利经济学家熊彼特分不开。1942 年，他出版了著作《资本主义、社会主义与民主》(*Capitalism, Socialism, and Democracy*)。他在这本书中提出了创造性破坏，用这个概念来描述旧的东西如何被新的东西永久取代。"如果我可以使用这个生物学术语的话——它不断地从内部使这个经济结构革命化，不断地破坏旧结构，不断地创造新结构。这个创造性破坏的过程，就是资本主义的本质性的事实。"[①]他认为，经济进步不是一个持续、和平的过程，而是支离破碎的、断裂的，有的时候不那么令人愉悦的过程。后来的经济学家使用这个概念描述长期实践的离散过程。为了新的技术、新的产品和新的分配方式能够出现，必须考虑到这个重要因素。现有的公司必须很快适应新的环境，否则会在这种环境中失败。在熊彼特看来，创造性破坏过程是资本主义的一个重要事实。然而，熊彼特在世时这个观念少有人关注。直到他去世后，20 世纪 90 年代，这个观念才更多为学者关注到。借助他的观念我们看到事实正在演变着。笔记本电脑、智能手机和社交媒体正在替代打字机、传真机和报纸。这种替代的确伴随着知识生产的结构变化、就业结构的变迁和人员的失业等所谓负面的效应。经济增长没有表现出平滑的、积累的财富产生过程：它是一个被新技术影响的摇摆、混乱过程，不但改变我们日常生活的物质基础，而且影响我们的政治、文化、政策和价值观。

---

① ［美］熊彼特：《资本主义、社会主义与民主》，吴良健译，商务印书馆 2022 年版，第 147 页。

2006 年诺贝尔经济学奖得主埃德蒙·菲尔普斯（Edmund Phelps）超越了熊彼特的观点而提出"非破坏性创造"。菲尔普斯相信创新的动力精神来自现代伦理价值观念，包括个人主义、生机论和自我表达。他把这种东西看作创造完全新事物的欲望。在他看来，现代社会正是这种伦理价值发展的结果，这种动力产生了作用。创新的两重性有助于我们在发挥"创新是第一动力"的时候对其进行辩证的发展与应用。

当我们把创新能力看作一个国家科技创新的根本时，还需要有相关的法律保障。缺乏大的、自主创新动力的国家不会产生现代经济带来的繁荣；没有立法保障，技术革新不会有结果。为了确保创新能力的持续，要推进法律法规的制定和实施。《中华人民共和国科学技术进步法》于 1993 年第八届全国人民代表大会常务委员会第二次会议通过，先后经过 2007 年、2021 年两次修订。该法一开始就确定了立法的根本目的。"为了全面促进科学技术进步，发挥科学技术第一生产力、创新第一动力、人才第一资源的作用，促进科技成果向现实生产力转化，推动科技创新支撑和引领经济社会发展，全面建设社会主义现代化国家，根据宪法，制定本法。"此外，该法还对科技进步的方向和重点进行明确的阐述，指出："科学技术进步工作应当面向世界科技前沿、面向经济主战场、面向国家重大需求、面向人民生命健康。"法律法规以法治方式引领、规范、促进和保障科技创新，既是新时代推动科技进步和创新发展的一个鲜明特征，同时也可以确保科技创新活动在法治轨道上健康有序进行，为完善科技创新体制机制、完善科技管理体系、推进科技领域管理体系和管理能力现代化提供有力支撑。

二、科技强国意味着自主性彰显，体现中国特色

在我国创新历史上，重引进、轻消化的问题曾大量存在，形成"引进—落后—再引进"的恶性循环。2013 年，习近平谈到了自主性不够强的情况，"就是从总体上看，我国科技创新基础还不牢，自主创新特别是原创力还不强，关键领域核心技术受制于人的格局没有从根本上改变"①。2018 年，他再次强调了自主创新的重要性："实践反复告诉我们，关键核心技术是要不来，买不来，讨不来的。只有把关键核心技术掌握在自己手中，才能从根本上保障国家经济安全、国防安全和其他安全。"②

习近平指出："创新作为企业发展和市场制胜的关键，核心技术不是别人赐予的，不能只是跟着别人走，而必须自强奋斗、敢于突破。"③网络信息技术自主创新也成为特别关注的问题。"加快推进网络信息技术自主创新，加快数字经济对经济发展的推动，加快提高网络管理水平，加快增强网络空间安全防御能力，加快提升我国对网络空间的国际话语权和规则制定权，朝着建设网络强国目标不懈

---

① 习近平：《论科技自立自强》，中央文献出版社 2023 年版，第 81—82 页。
② 同上书，第 201 页。
③ 同上书，第 42 页。

努力。"①2018 年，习近平谈到制造业要实现自主，"制造业特别是装备制造业高质量发展是我国经济高质量发展的重中之重，是一个现代化大国必不可少的。现在，国际上单边主义、贸易保护主义上升，我们必须坚持走自力更生的道路。中国要发展，最终要靠自己"②。2022 年，习近平强调在农业科技上的自主，"中国人的饭碗要牢牢端在自己手中，就必须把种子牢牢攥在自己手里"③。

提高自主性意味着要构建"具有中国特色的科技计划体系和管理制度"④。这些制度不是照搬西方国家的结果，而是结合中国现实和实践的产物，能够直接有效促进中国科技发展。

三、科技强国要有标志性科技成就

"建设世界科技强国，得有标志性科技成就。"⑤ 标志性科技成就和核心技术密不可分。党的二十大报告回顾了历史性科技成就。"基础研究和原始创新不断加强。一些关键核心技术实现突破，战略性新兴产业发展壮大，载人航天、探月探火、深海深地探测、超级计算机、卫星导航、量子信息、核电技术、大飞机制造、生物医药等取得重大成果，进入创新型国家行列。"⑥ 基础前沿研究不断实

---

① 习近平：《论科技自立自强》，中央文献出版社 2023 年版，第 169 页。

② 同上书，第 60 页。

③ 同上书，第 52 页。

④ 同上书，第 99 页。

⑤ 同上书，第 201 页。

⑥ 习近平：《高举中国特色社会主义伟大旗帜 为全面建设社会主义现代化国家而团结奋斗——在中国共产党第二十次全国代表大会上的报告》，人民出版社 2022 年版，第 8 页。

现新突破，在量子科技、生命科学、物质科学、空间科学等领域取得一批重大原创成果，微分几何学两大核心猜想被成功证明，化学小分子诱导人体细胞实现重编程，二氧化碳人工合成淀粉实现"技术造物"。战略高技术领域迎来新跨越，"嫦娥"揽月，"天和"驻空，"天问"探火，"地壳一号"挺进地球深处，"奋斗者"号探秘万米深海，全球首座第四代核电站商运投产。创新驱动引领高质量发展取得新成效，集成电路、人工智能等新兴产业蓬勃发展，第一颗6G卫星发射成功，北斗导航提供全球精准服务，国产大飞机实现商飞，高铁技术竖起国际标杆，新能源汽车为全球汽车产业增添新动力，生物育种、新药创制、绿色低碳技术助力粮食安全和健康中国、美丽中国建设。科技体制改革打开新局面，科技管理体制实现重塑，国家战略科技力量加快布局，创新主体和人才活力进一步释放。国际开放合作取得新进展，主动发起国际科技合作倡议，牵头组织国际大科学计划，我国作为全球创新重要一极的影响力持续提升。这些都为建成科技强国打下了坚实基础。

标志性科技成就还有一个特征就是影响力。中国科研论文发表数量居于世界前列，但并不意味着我国科研影响力达到世界顶尖水平。中国科研论述的他引并不高，约美国的1/3，在前10国家排名较低。而且中国学者的论文更多只被中国学者引用。他引中只有16%来自美国，68%是来自中国学者。在人工智能领域，当谷歌推出Gemini，OpenAI推出Chat系列甚至Chat-4o时，中国学者把精力花在语言模型的汉化上，利用汉语数据进行训练。应用偏重于原创的特征非常明显。令人惊喜的是，2025 年中国出现的 DeepSeek 成为标志性的成果，引发全世界关注。

中国要建成科技强国，应当具有居于世界前列的科技实力和创新能力，支撑经济实力、国防实力、综合国力整体跃升，增进人类福祉，推动全球发展。必须具备以下基本要素：一是拥有强大的基础研究和原始创新能力，持续产出重大原创性、颠覆性科技成果。二是拥有强大的关键核心技术攻关能力，有力支撑高质量发展和高水平安全。三是拥有强大的国际影响力和引领力，成为世界重要科学中心和创新高地。四是拥有强大的高水平科技人才培养和集聚能力，不断壮大国际顶尖科技人才队伍和国家战略科技力量。五是拥有强大的科技管理体系和管理能力，形成世界一流的创新生态和科研环境。

第二节　科技强国要具有活力的创新体系和相应的治理体系

鸡蛋孵化成小鸡，离不开合适的条件，比如温度、湿度。对于科技创新发展来说，也是如此。为了保障科技创新发展，不断产生新的技术，也需要合适的条件。这些条件共同构成国家创新体系。创新离不开各类型行动者和主体的相互作用；国家创新体系包括政府、大学、独立研发机构和企业等关键行动者，也包括规制这些行动者及其相互关系的各种规则；国家创新体系的运行影响着企业以及整个国家的创新成效。

我国国家创新体系经历一个历史演变过程。1992 年之前，我国国家创新体系存在三大"脱节"现象——科技与经济的脱节、科技与教育的脱节以及军民脱节。1992 年之后通过研发机构—高校—企业、中央—地方、军工—民用等关系的重组和调整，在很大程度上解决了困扰我国国家创新体系的三大脱节问题。① 国家创新体系能够确保政府在科学技术发展中的功能实现问题。"建立健全国家创新体系既可以保证政府在科技领域与经济活动之间的应有作用，又可以克服政府失灵问题。"②

创新体系涉及多元因素，如不同的行动者与主体。"创新需要使不同行为者（包括企业、实验室、科学机构与消费者）之间进行交流，并且在科学研究、工程实施、产品开发、生产制造和市场销售之间进行反馈。……创新体系是由存在于企业、政府和学术界的关于科技发展方面的相互关系与交流所构成的。在这个系统中相互之间的互动作用直接影响着企业的创新成效和整个经济体系。"③

充满活力的国家创新体系有利于科技逐渐变得强大，能够使得

---

① 王大洲、梁庆华：《从脱节走向融合——中国国家创新体系结构性变革探析（1992—2006）》，《自然辩证法通讯》2023 年第 8 期。

② 安维复：《从国家创新体系看现代科学技术革命》，《中国社会科学》2000 年第 5 期。

③ OECD：《以知识为基础的经济》，机械工业出版社 1997 年版，第 11 页。

不同行动者活力增强。企业愿意投入研发经费，不至于保守；各类科学实验室愿意进行科研以及产学研转化；科学机构在科学成果转移上不遗余力；消费者面对新型科学成果愿意尝鲜。以上海人工智能实验室为例，该实验室是"我国人工智能领域的新型科研机构，开展战略性、原创性、前瞻性的科学研究与技术攻关，突破人工智能的重要基础理论和关键核心技术，打造'突破型、引领型、平台型'一体化的大型综合性研究基地，支撑我国人工智能产业实现跨越式发展，目标是建成国际一流的人工智能实验室，成为享誉全球的人工智能原创理论和技术的策源地"[1]。它在创新方面表现出无比的活力，2021 年实验室发布"书生"（INTERN）后历经数次升级，从国内首个覆盖多种视觉任务的通用大模型，逐步升级为涵盖视觉、语言和三维等在内的大模型体系。2021 年 12 月，实验室首次提出 CityNeRF，将卫星与近景等多种不同高度的影像进行有效融合，同时具备移除、移动和新建城市建筑等城市布局的调整能力，还可以调节光照、季节等城市景观，做到城市"重建"和"编辑"。

此外，充满活力的国家创新体系能够使得不同行动者之间的互动更为频繁。正如前文指出的，创新体系是政府、企业和学术界之间的互动。上海人工智能实验室不仅与复旦大学互动频繁，更与香港中文大学建立了学术联系。2021 年他们联合港大、上海市

---

[1] 《上海人工智能实验室》，上海人工智能实验室网，2024 年 1 月 7 日。

测绘院发布全球首个城市级 NeRF 实景三维大模型"书生·天际（LandMark）"。这一模型的发布与三方的通力合作离不开。

但是，这并不意味着全部因素都处于变动中。充满活力的国家创新体系要求关键行动者自身、行动者之间的互动频繁，始终保持一种新的状态。但是在合作的持续性上却呈现出稳定的状态。此外，在已制定的政策上也相对处于稳定的状态，只有这样才能够确保治理的一贯性。政策上的活跃性仅仅是指面对新的技术发展，政策能够表现出灵活应对。

然而，在活跃的创新体系发挥作用的时候，健全的治理体系也是必不可少的。治理体系可以从四个因素进行构建：技术、制度、伦理和文化。

技术因素是指各类颠覆性技术、新兴技术。2000 年，会聚技术（NBIC）成为当时新兴技术，这一技术整合了纳米材料、生物技术、信息技术与认知科学，旨在提升人体效能，也就是通常说的人类增强技术。20 年后，人工智能大语言模型成为领先者，ChatGPT 就成为颠覆性技术新的代表。发明 ChatGPT 的 OpenAI 如今将目光指向了 Q*，这些技术以生成式人工智能（GenAI）名义出现。不仅如此，谷歌发明了 Gemini。这些技术是生成式 AI 的最高峰，而且运用到医疗、金融和教育等领域。纵观其发展历程，从基础统计发展到复杂神经网络，这一技术不断增强自身能力，当然，也出现了人类意想不到的安全与伦理问题。安全问题如机器幻觉、滥用风险等；伦理问题如偏见、信任和隐私侵犯等。因此，治理体系的伦理因素就成为必然考虑的结果了。

制度因素意味着促进或者防范科技发展及其应用的措施。一个国家要发展，需要从国家层面制定相应的措施，包括政府出台的政策、指导意见等，还要把关键的东西上升到法律。只有这样，才能为科技发展提供坚实的保障。以人工智能为例，2024 年欧盟出台的《人工智能法案》是建立在诸多政府制度之上的结果。2024 年以来，很多学者在呼唤中国人工智能法律的出台。

伦理因素指的是伦理价值和伦理法律化的制度。各个国家、地区从各自的伦理观念出发，强调开发负责任的、可信的、向善的技术；注重公平、隐私和人类尊严等伦理方面。然而伦理从先天上来说，是孱弱的，还需要更为强硬的保障。这就产生了将伦理法律化的需要，即通过法律、政策和制度确保观念的事实。这一因素实际上是自上而下的、有组织的一种方式，将某些伦理观念与法律法规、制度政策的强制约束结合在一起。在我国，2022 年《关于加强科技伦理治理的意见》、2023 年《科技伦理审查办法（试行）》就是主要措施。《关于加强科技伦理治理的意见》发文机构是中共中央办公厅和国务院办公厅；《科技伦理审查办法》则由科技部、教育部、工信部、农业农村部、国家卫生健康委、中国科学院、中国社科院、中国工程院、中国科协、中央军委科技委等 10 部门联合印发。《科技伦理审查办法》依照《中华人民共和国科学技术进步法》《关于加强科技伦理治理的意见》等制定。国家和政府以严肃、鲜明的态度表明了对待科技发展和科技治理的态度。

文化因素意味着一个国家的文化传统。然而这种刚性措施需要以各自国情文化为土壤。因此，文化也是治理不可忽视的一个因素。

第三节　科技强国需要强大的新型举国体制的保障

从历史上看，举国体制是中国作出重大科技成果的法宝。"在推进科技体制改革的过程中，我们要注意一个问题，就是我国社会主义制度能够集中力量办大事是我们成就事业的重要法宝。我国很多重大科技成果都是依靠这个法宝搞出来的，千万不能丢了！"[①]

"举国体制是一种以国家目标为导向、动员全国大规模的力量和资源对特定领域进行倾斜性支持的组织模式。"[②]举国体制并非仅仅是指向科技创新的，它有着更多的维度，比如竞技体育、公共卫生事件等。举国体制最初源于体育领域。当体育界开始提出"竞技体育"这一概念时，伴随而来的就是举国体制的保障措施了。2002年7月，中共中央、国务院印发《关于进一步加强和改进新时期体育工作的意见》，提出要"以新世纪我国在奥运会等重大国际比赛中取得优异成绩为目标，进一步发挥社会主义制度的优越性，坚持和完善举国体制"。举全国之力发展体育，中国的乒乓、游泳等项目在国

---

① 习近平：《论科技自立自强》，中央文献出版社 2023 年版，第 87 页。

② 李瑞、梁正、薛澜：《技术演化理论视角下新型举国体制分类与边界》，《科学学研究》2023 年第 8 期。

际上取得了显著优势，彰显了中国体育实力，有效传播了中国传统文化。

在科技领域，举国体制经历了两个阶段：计划体制下的举国体制和市场体制下的举国体制。从历史经验看，重大任务起源于一个国家遇到的"危机"或挑战。这些"危机"可以来自技术、经济、社会或生态等方面，但只有当它们形成对国家安全的挑战时，才会出现提出重大任务的需要。新中国成立初期，领导权力意志起到了非常重要的推动作用。1956 年，毛泽东听取中国科学院关于国内外科技发展的报告之后，向全国发起"向科学进军"的号召，在他的大力推动下，科学研究体系、工业技术体系、国防科技体系、地方科技体系建立起来。20 世纪 60 年代，两弹一星项目启动。领导"两弹一艇一星"项目成功的决定性力量是中共中央专门委员会（以下简称中央专委）。这个机构不仅获得党中央的授权，而且直接执行项目并对结果负责。1961 年 1 月，聂荣臻在《关于一九六一、一九六二年科学技术工作安排的汇报提纲》中提出："要发奋图强，集中力量，把各方面的力量统统组织起来，通力合作来完成国家任务……国家科委、国防科委、科学院、教育部和其他有关部门，从中央到地方都要扭在一起，共同商量，统一安排。"1961 年 11 月，中共中央下发《关于成立国防工业办公室的决定》，建立直接对中央负责的国防工业办公室（简称国防工办），由罗瑞卿任主任。它"作为国务院的一个口（国防工业口），在党内向中央书记处和军委负责"，权限范围为管理国防工业系统内的"二机部、三机部和国防科委所属范围的工作"。1961 年 10 月 30 日，罗瑞卿向中共中央和毛泽东上报《关于建议成立中央专门委员会的报告》，建议"在中央直接领导下，成立一个专门委员会，加强对原子能工业的领导，随时检查、督促计划执行情况，并在必需的人力、物力上进行具体调度，及时解决在研究、设计和生产建设中所遇到的问题"。1962 年 11 月，中共中央直接领导的中央专门委员会正式成立，主任是周恩来。1962 年 12 月 14 日，中共中央正式向中央军委及全国范围的党的系统发出《关于成立十五人专门委员会的决定》，明确了中央专委的地位和职责。中央专委成立后，围绕原子弹研制的各项重大问题召开过多次专委会。在专委的协调下，26 个部委，20 个省、市、自治区（900 多家工厂、科研机构、大专院校）参加了攻关会战①。原先在二机部和国防工业系统内无法解决的事情，中央专委直接联系相关部门和地方解决。周恩来逝世后，中央专委的活动逐渐停止。

市场制度下的举国体制是伴随着中国深化经济体制而进行的。2010 年中国公布深化经济体制改革的重点工作部署，其中，重新强调要探索完善"科技创新举国体制"，以全面推进国家创新体系建设。②2011 年 7 月，科技部制定的《国家"十二五"科学和技术发展规划》，提出"将实施国家科技重大专项作为深化体制改革、促进科技与经济紧密结合的重要载体，加快建立和完善社会主义市场经

---

① 《当代中国的核工业》，中国社会科学出版社 1987 年版，第 51 页。
② 《我国重提科技创新举国体制》，《创新科技》2010 年第 6 期。

济条件下政产学研用相结合的新型举国体制"。这是中国政府在文件里首次提出"新型举国体制"这个词。

在举国体制演变的过程中，可以看出国家多次召开全国性的科技会议。

表 1　全国性的科技会议

序号	会议名称	召开时间	会议成果
1	全国科学大会	1978 年	科学技术是生产力的论断
2	全国科学技术大会	1995 年	实施科教兴国战略
3	全国技术创新大会	1999 年	进一步实施科教兴国战略，建设国家知识创新体系
4	全国科学技术大会	2006 年	建设创新型国家
5	全国科技创新大会	2012 年	建成小康社会提供有力的科技保障
6	全国科技创新大会	2016 年	吹响建设科技强国的号召
7	全国科技工作会议	2022 年	总结 2022 年科技工作和党的十八大以来科技创新的历史性成就和宝贵经验，分析面临的形势和挑战，部署 2023 年重点任务
8	全国科技大会	2024 年	建设科技强国的实现

可以看出，1978 年以前会议名称是全国科学大会；1995 年名称是全国科学技术大会；2012 年召开的是全国科技创新大会以及全国科技工作会议。会议的内涵逐渐扩展，从科学到科学技术，再到科技创新。这种转变也与国家对于科技重视的侧重点有所关联。

新型举国体制的提出有其现实原因。一是可以发挥中国"集中力量办大事"的优势,以相对较快的速度实现科研的重大突破。二是有助于补强市场经济条件下中国科学研究领域存在的多个"软肋"。科技创新需要的巨额成本往往使中国企业望而却步。三是"举国体制"并非我国独有,美国在实施曼哈顿计划、登月计划、导弹防御系统方面,日本在第五代计算机、电动汽车等方面都采取了"举国体制",集中全国优势资源进行攻坚。[1] 新旧举国体制都是社会主义优越性的体现。新型举国体制有三个特点:以企业为主体和以市场为导向、由国家力量解决困扰企业的重大问题和以市场助推国家科研,以保障国家安全和建立自主自立科技体制为目标导向。

举国体制分为高端基础装备、先进工艺制造、科学依赖型技术研发三种类型。[2] 高端基础装备的案例是中国超算。具体体现在以下三个方面:第一,始终坚持"自主可控"目标原则,以"五年规划"工作稳步推进。第二,汇聚各方资源。在论证千万亿次的超算时,科技部门因为经费和可信性问题对采用"一大三小"还是"三大"的方案很纠结。最终经过努力,12亿元的中央财政经费最终撬动了24亿元的地方财政经费,支撑了"天河二号"和"神威蓝光"的研制。第三,产业生态举国协同。从1999年开始,国家就在高性能计算的大课题中提出了高性能计算机、高性能计算环境和

① 熊丙奇:《警惕科研"举国体制"》,《民主与科学》2010年第3期。
② 李瑞、梁正、薛澜:《技术演化理论视角下新型举国体制分类与边界》,《科学学研究》2023年第8期。

高性能计算应用三位一体协调均衡发展的思路并部署实施。先进工艺制造的案例如日本 VLSI 计划由具有专业性、权威性的通商产业省作为领航机构统筹规划，组织精英企业研发通用和基础技术，并对共性技术和自行研发技术设置 20% 和 80% 比率，保证了参与企业优先使用共性技术和对专有技术秘密的独占性。科学依赖技术研发，美国脑科学计划 2013 年由美国奥巴马总统和美国国立卫生研究院（NIH）共同宣布启动。耗资 50 亿美元，通过新技术探索大脑的遗传学和生理学，从细胞层面提高人类对大脑的认知。

不难看出，在提升整体实力、应对公共风险时，举国体制有其优势。2020 年 3 月 2 日，习近平总书记在北京考察新冠疫情防控工作时，面对重大传染病和生物安全风险，明确提出要以"举国体制""提高体系化对抗能力和水平"，凝聚举国之力，打一场有力的国家战争。[①] 在 2024 年 6 月 24 日召开的全国科技大会、国家科学技术奖励大会和中国科学院第二十一次院士大会、中国工程院第十七次院士大会上，习近平进一步指出，"现在距离实现建成科技强国目标只有 11 年时间了"，全党全国人民"要以'十年磨一剑'的坚定决心和顽强意志，只争朝夕、埋头苦干，一步一个脚印把这一战略目标变为现实"。在为实现建成科技强国目标的奋斗进程中，要充分发挥新型举国体制优势，加快推进高水平科技自立自强。要使新型

---

① 罗大蒙：《举国体制：重大突发公共卫生事件治理的制度优势及运转机制》，《理论建设》2020 年第 6 期。

举国体制优势在科技强国中的作用充分发挥出来，要做到以下几点：第一，坚持党的领导，完善党中央对科技工作集中统一领导的体制，加强战略规划、政策措施、重大任务、科研力量、资源平台、区域创新等方面的统筹，构建协同高效的决策指挥体系和组织实施体系，凝聚推动科技创新的强大合力。第二，充分发挥市场在科技资源配置中的决定性作用，更好发挥政府各方面作用，调动产学研各环节的积极性，形成共促关键核心技术攻关的工作格局。第三，加强国家战略科技力量建设，优化定位和布局，完善国家实验室体系，增强国家创新体系一体化能力。第四，保持战略定力，坚持有所为有所不为，突出国家战略需求，在若干重要领域实施科技战略部署，凝练实施一批新的重大科技项目，形成竞争优势，赢得战略主动。第五，提高基础研究组织化程度，完善竞争性支持和稳定支持相结合的投入机制，强化面向重大科学问题的协同攻关，同时鼓励自由探索，努力提出原创基础理论、掌握底层技术原理，筑牢科技创新根基和底座。

第四节 科技强国意味着呈现出强大的国家战略科技力量

科技强国意味着一个国家拥有强大的战略科技力量，这不仅包括军工方面，还包括民用方面。"世界科技强国竞争，比拼的是国家战略科技力量。"①而国家战略科技力量的重要组成部分包括国家实验室、国家科研机构、高水平研究型大学、科技领军企业，这些主体要自觉履行高水平科技自立自强的使命担当。

一、国家实验室：国家实验室是国家抢占科技创新制高点的重要载体。放眼世界，美国的阿贡、洛斯阿拉莫斯、劳伦斯伯克利，德国亥姆霍兹研究中心都是重要的代表。世纪之交，中国开始国家实验室的布局和建设工作。2000 年底，国家同步辐射实验室等 5 个首批国家实验室通过验收。2000 年至 2003 年，科技部陆续批准了 5 个国家实验室的试点（即筹建状态）。2006 年，科技部启动 10 个国家实验室试点建设。

表 2　国家实验室名单一览

序号	国家实验室名称	状态	依托单位	城市
1	国家同步辐射实验室	建成	中国科学技术大学	合肥
2	正负电子对撞机国家实验室	建成	中国科学院高能物理研究所	北京
3	北京串列加速器核物理国家实验室	建成	中国原子能科学研究院	北京
4	兰州重离子加速器国家实验室	建成	中国科学院近代物理研究所	兰州
5	青岛海洋科学与技术国家实验室	建成	中国海洋大学等	青岛
6	磁约束核聚变国家实验室	筹建	中国科学院合肥物质科学研究院、核工业西南物理研究院	合肥

---

①　习近平：《论科技自立自强》，中央文献出版社 2023 年版，第 8 页。

序号	国家实验室名称	状态	依托单位	城市
7	洁净能源国家实验室	筹建	中国科学院大连化学物理研究所	大连
8	船舶与海洋工程国家实验室	筹建	上海交通大学	上海
9	微结构国家实验室	筹建	南京大学	南京
10	重大疾病研究国家实验室	筹建	中国医学科学院	北京
11	蛋白质科学国家实验室	筹建	中国科学院生物物理研究所	北京
12	航空科学与技术国家实验室	筹建	北京航空航天大学	北京
13	现代轨道交通国家实验室	筹建	西南交通大学	成都
14	现代农业国家实验室	筹建	中国农业大学	北京
15	中关村国家实验室	挂牌成立	/	北京
16	怀柔国家实验室	挂牌成立	/	北京
17	昌平国家实验室	挂牌成立	/	北京

资料来源:《国家实验室名单一览　国家实验室是什么级别? 国家实验室有哪些》,中国核电网。

2015 年,习近平总书记在党的十八届五中全会上讲话指出,要实施一批国家重大科技项目和在重大创新领域组建一批国家实验室。"我国同发达国家的科技经济实力差距主要体现在创新能力上。提高创新能力,必须夯实自主创新的物质技术基础,加快建设以国家实验室为引领的创新基础平台。"[1] 建设实验室的终极目的是形成代表

---

[1] 习近平:《论科技自立自强》,中央文献出版社 2023 年版,第 102 页。

国家水平、国际同行认可、在国际上拥有话语权、抢占国际科技制高点的重要战略创新力量。2018 年，习近平提出了更高要求。"要高标准建设国家实验室，推动大科学计划、大科学工程、大科学中心、国际科技创新基地的统筹布局和优化。"①

二、国家科研机构。2016 年，习近平指出，"成为世界科技强国，成为世界主要科学中心和创新高地，必须拥有一批世界一流科研机构、研究型大学、创新型企业，能够持续涌现一批重大原创性科学成果"②。2021 年，习近平对国家科研机构的使命提出明确要求。"国家科研机构要以国家战略需求为导向，着力解决影响制约国家发展全局和长远利益的重大科技问题，加快建设原始创新策源地，加快突破关键核心技术。"③

三、高水平研究型大学。在世界范围内，堪称世界上最早的研究型大学是德国柏林大学，威廉·冯·洪堡（Wilhelm von Humboldt）于 1809 年负责筹建，1810 年 10 月开学。这所大学具有尊重学术自由、提倡教学与科学研究相结合和培养人的心智等特征。这种特征也影响到了后来美国创建的大学，如哈佛大学、康奈尔大学、克拉克大学等。近代中国的研究型大学受到美国的影响。当代中国对高水平研究型大学的要求是"成为基础研究的主力军和重大科技突破的主力军"。我国有 61 所高校属于研究型大学。很多地方性大学把

① 习近平：《论科技自立自强》，中央文献出版社 2023 年版，第 204 页。
② 同上书，第 153 页。
③ 同上书，第 9 页。

建设高水平研究型大学作为奋斗目标。在研究型大学的发展过程中出现了一个现象：异地办学。北京的很多高校在深圳、珠海设立分校、研究生院，比如北京师范大学珠海分校，深圳清华大学研究院、清华大学国际研究生院。北京大学也在深圳大学设立了研究生院。这种异地办学的模式将高水平研究型大学的效应辐射到异地，同时也带动了异地的发展。北京师范大学珠海分校是经教育部批准设立、由北京师范大学和珠海市人民政府合作举办，进行本科层次教育的全日制普通本科高校，办学性质为独立学院。另外，还诞生了一些非公立模式，力图成为重大科技突破的率先典范。比如西湖大学是一所社会力量举办、国家重点支持的新型高等学校，2015 年 3 月发起创办，2018 年 2 月获得教育部批准设立，前身和筹建依托主体是浙江西湖高等研究院，举办方是杭州市西湖教育基金会。学校围绕自然科学、生命与健康、前沿技术方向，注重学科交叉融合，力求在基础研究和前沿技术原始创新方面有所突破。

不仅如此，世界各个研究型大学还组建出不同的联盟，以增强自身的联动力量。非洲、欧洲、日本、加拿大和美国、澳大利亚都有相应的大学联盟。非洲研究型大学联盟（The African Research Universities Alliance，ARUA）由非洲 16 所研究型大学组成，其共同的愿景是提高非洲研究人员的研究质量，2015 年启动，2022 年初推出了一项涵盖 2022—2027 年的战略计划，该战略将作为在 10 年内非洲大陆对全球尖端研究产出的贡献率提高到 5% 的框架。欧洲研究型大学联盟（League of European Research Universities, LERU）

成立于 2002 年，最初由 12 个欧洲顶级研究型大学组成，目前已扩展为 23 所，该联盟的目标是促进政治家、政策制定者和意见领袖对研究密集型大学的重要作用和活动的理解。日本研究型大学联盟（Research University Consortium，RUC）成立于 2017 年，以入选研究型大学强化促进项目的大学为中心，成员聚集了积极致力于强化研究能力的大学研究理事或副校长等。美国的常春藤联盟（Ivy League）于 1954 年组建，最初源于体育赛事，后在科研水平上居于世界之先。中国目前还没有全国性的研究型大学联盟，区域性研究型大学联盟有长三角研究型大学联盟。

四、科技领军企业。"科技领军企业要发挥市场需求、集成创新、组织平台的优势，打通从科技强到企业强、产业强、经济强的通道。"[①] 2022 年，《科技日报》对政协委员进行采访，在科技领军企业上获得了很多新的认识。在国务院发展研究中心研究员龙海波看来，科技领军企业的战略定位，决定了其在现代产业链、系统创新链中的地位。从现代产业链角度看，科技领军企业应具有保障国家安全、有效统筹资源、行业示范带动的"链长"特质。从系统创新链角度看，科技领军企业应具备引领原创技术、勇于攻关"卡脖子"技术、促进深度融合的"联合体"特质。[②] 但是目前存在的问题也很明显。北京市科学技术研究院伊彤认为，领军企业在国家重

---

①　习近平：《论科技自立自强》，中央文献出版社 2023 年版，第 9 页。

②　刘垠、操秀英：《强化国家战略科技力量　呼唤世界一流科技领军企业》，光明网，2022 年 3 月 11 日。

大战略需求任务中，作用发挥不够，需进一步优化领军企业牵头组建创新联合体的组织模式。

在科技强国建设过程中，科技领军企业还要在环境、社会与公司治理方面作出表率。2024 年 1 月 11 日，中共中央、国务院印发的《关于全面推进美丽中国建设的意见》第九条提出：探索开展环境、社会和公司治理（ESG）评价。ESG 是 "Environmental，Social，and Corporate Governance"（环境、社会和公司治理）的首字母缩写，来自联合国 2004 年发表的一份报告《关心者胜：将金融市场与变化的世界连结起来》（Who cares wins——Connecting Financial Markets to a Changing World）[①]。这是个非常重要的信息，是对科技领军企业提出的更高要求，不仅要对创新中国、科技强国作出贡献，更要对美丽中国建设有所贡献。[②]

可以看出，国家科技战略力量强弱影响着一个国家是否称得上科技强国。但是不能简单地把这一观念理解为科技决定论，即科技力量的强弱决定着一个国家的强大。历史显示：除了科技本身之外，还有制度和文化等因素也能影响一个国家的强大与否。

16 世纪和 17 世纪的战争技术在两个世纪都没有太大变化。但是火器的出现改变了这一切，并且引发了火器革命。"火器革命第一

---

① Who Cares Wins. https://www.unepfi.org/fileadmin/events/2004/stocks/who_cares_wins_global_compact_2004. pdf.

② 《中共中央、国务院关于全面推进美丽中国建设的意见》，中国政府网，2023 年 12 月 27 日。

个重要的影响是通过标准化生产和训练提升了国家总体的军事实力，由此引发战争形式的变化，使得建立常备军成为国家在战争中获胜的必要条件。"[1] 在这一技术推动下，一些国家抓住契机一跃而起，最终演变为强国。"普鲁士借助技术革命带来的组织层面的正外部性，建立了强大的国家机器，并且通过军国主义的方式强化中央权威和克服财政困境，从而迅速崛起成为主要强国。"[2]

一个强大的国家离不开科技的强大，创新是实现强大国家的必要手段。同时，要避免两种倾向：一是技术主义；二是要素主义。技术主义强调技术的决定性作用，强大的技术必然导致强大的国家。但是这只是逻辑上的可能，还需要其他的保障因素，比如制约技术滥用、误用的观念和制度。要素主义强调某一个要素能够起到决定性作用。但是正如笔者分析的，整个社会是一个系统。强大的技术只是一个触发因素，相应的制度要跟上。

可以看出，应用技术的现代制度包括实体的工厂和虚体的制度才是社会关系，也就是马克思所说的经济范畴。科技强国以强大的科技力量为保障，辅助以相适应的制度、政策更为关键。缺乏强大的制度保障，好的东西被发明出来，也无法向社会推广，即使推广，其过程也必然是艰难的。

---

[1] 叶成城：《全球技术史视野下的火器革命与文明动力机制》，《探索与争鸣》2022年第2期。

[2] 同上。

第四章 建设科技强国的现实动力

    社会需要是科技发展的重要推动力。正如恩格斯所说："社会一旦有技术上的需要，这种需要就会比十所大学更能把科学推向前进。"① 从科学的角度看，随着现代科学进入大科学时代，与科技活动相关的学科体系日益庞大，学科交叉融合日益广泛深入，科技活动的复杂性日益增加，所需投入成本日益增大；以科学发展内在逻辑为导向的基础研究和以社会需求为导向的应用研究间的联系日益紧密。在这种情况下，国家和社会层面对科技活动的组织、引导、协调和支持已经在科技发展进程中显现出越来越重要的作用。从技术的角度看，技术的起源与发展更是与人类的需要密不可分。"需要"本身就是生产生活实践中各种技术发明的先导。法国哲学家贝尔纳·斯蒂格勒（Bernard Stiegler）以"埃庇米修斯的过失"为喻，表明技术的存在恰恰源于人类自然生存能力的缺失。也就是说，正

---

① 《马克思恩格斯文集》第10卷，人民出版社2009年版，第668页。

是由于人相较于自然界其他动物生存能力的弱势，才迫切需要通过技术的方式来弥补自身的先天不足，满足自身的生存需求。

中国特色社会主义追求的科技发展，不同于西方以资本需求为核心和根本指向的科技发展，中国建设科技强国的动力，出于在中国共产党领导下维护国家安全，增进民生福祉，最终实现中华民族伟大复兴的时代需要。

第一节　中国共产党的时代引领动力

中国共产党的领导是中国特色社会主义最本质的特征和最大的制度优势。中国共产党是马克思主义的使命型政党，它始终代表最广大人民的根本利益，对国家之富强、人民之幸福、民族之复兴有着强烈的历史使命感和责任担当。正是这样的使命与担当构成了中国科技强国建设强大而不竭的牵引动力。

一、中西方科技发展的不同政治驱动

科技发展作为一项重大的国家战略以及社会活动，在中西方是由本质上完全不同的政治力量驱动的。在西方资本主义国家的历史进程中，科技发展很大程度上是由处于统治地位的社会精英群体推动的，反映的是旧有的王公贵族，或是新兴的资产阶级的利益诉求。例如，文艺复兴时期开放、自由的文化氛围鼓励了科技的发明创造，然而这种繁荣在很大程度上与当时处在统治地位的宗教权贵、王公贵族的赞助和支持密切相关。"在文艺复兴前后的科学发展初期，科学家们主要依靠教会或有权有钱的王公贵族的资助来从事科学研究，成果和名声都属于教会和这些国王或王子。"① 在此背景下，科技发明的主要目的是服务于统治精英对于权力与利益的需求，而并没有广泛地惠及广大普通民众。科学精神也并没有真正在民众之间产生普遍的影响。随着欧洲各国皇家科学院等科研机构和组织的成立，科技工作者对于贵族精英个体的依附关系逐渐减弱，同时这些机构也确实在客观上对人文精神、科学理性、追求真理等精神与文化的传播作出了贡献。然而，随着欧洲国家之间在商业、军事等领域竞争的逐渐加剧，科研机构进行的研究与发明活动在很大程度上依然是从功利主义和实用主义的角度出发，优先服务于整体的国家利益。而所谓的"国家利益"，在根本上自然代表的是皇室与贵族的利益，以及新兴资产阶级的利益。至于欧洲宗教改革带来的思想解放，虽然间接上为科技发展营造了有利条件，但是宗教改革运动本身的动机却并非为推动科学精神的普及，而是与背后的政治与经济利益深深勾连在一起。"欧洲这场宗教改革运动，是源于罗马天主教内部的分裂，以及欧洲各国王室利用这个分裂展开的对主导欧洲政治秩序与教会权力的争夺，尤其是附属于宗教的政治和商业利益的

① 文一:《科学革命的密码：枪炮、战争与西方崛起之谜》，东方出版中心2021年版，第438页。

争夺。"①

与此不同，新时代中国的科技强国建设是由中国共产党所领导的一项伟大事业。中国共产党是中国工人阶级的先锋队，同时是中国人民和中华民族的先锋队，是中国特色社会主义事业的领导核心。习近平总书记曾在庆祝中国共产党成立 100 周年大会上强调："中国共产党根基在人民、血脉在人民、力量在人民。中国共产党始终代表最广大人民根本利益，与人民休戚与共、生死相依，没有任何自己特殊的利益，从来不代表任何利益集团、任何权势团体、任何特权阶层的利益。"② 因此，党的领导决定了我国科技事业的发展绝不是为了服务于少数统治阶级或精英群体的利益诉求，而是为了人民的利益，为了国家富强和实现中华民族伟大复兴。中国共产党的领导为我国科技强国建设提供了强有力的政治保障，正是在党的统一领导和统筹兼顾之下，我国的科技事业才能够经过一系列体制改革、机制创新，实现稳步、快速而持续的发展。

二、中国共产党对我国科技事业发展的历史贡献

新中国成立至今 70 多年，中国共产党始终高瞻远瞩、统筹全局，通过一系列政治方针引领着我国科技体制的改革与不断完善。

---

① 文一：《科学革命的密码：枪炮、战争与西方崛起之谜》，东方出版中心 2021 年版，第 154 页。

② 习近平：《在庆祝中国共产党成立 100 周年大会上的讲话》，《人民日报》2021 年 7 月 16 日。

党以满足国家和社会发展需求，激发社会创新能力为目标，进行了长期探索，为推动我国科技事业的飞速发展作出了巨大的历史性贡献。

1. 计划体制下我国科技发展的从无到有（1949—1978）

1949 年新中国成立时，我国科技在人才、经费、机构、设备、基础条件等方面严重缺乏，现代科学技术一片空白。面对科技百废待兴的状况和新中国恢复经济对于科技发展的迫切需求，党中央审时度势，提出了以政府为主导、以科技计划为核心、以国防建设和重工业发展为导向，集中科技资源解决关键问题的科技管理和组织体系建设。1956 年 1 月，中共中央发出"向科学进军"的号召，力求推动科技体制的建立。同年，新中国第一个长期科技发展规划——《1956—1967 年科学技术发展远景规划》（简称《十二年科技规划》）出台。规划从经济、国防、基础科学、科研体制等诸多方面提出了 57 项重大科学技术任务、616 个中心问题，12 个重点任务和 4 项紧急措施，为我国科技事业的发展描绘了初步的轮廓。1961 年，党中央批准了《关于自然科学研究机构当前工作的十四条意见（草案）》。1963 年，中共中央根据国家社会主义建设的需要和国际科技发展的新进展，在原有规划的基础上，进一步制定《1963—1972 年科学技术发展规划》。在这一时期，我国基本确立了以国家科学规划委员会、中国科学院为主干的科技管理体系，通过全面规划，在科技资源条件不利的情况下，取得了"两弹一星"、杂交水稻、人工合成结晶牛胰岛素等重大科技成就。在党和人民的共同努力下，我国科技事业的发展有了一定的起步条件。

2. 引入市场机制，让科技赋能生产（1978—1995）

1978 年全国科学大会召开，邓小平重申"四个现代化，关键是科学技术的现代化"。全国科学大会还通过了《1978—1985 年全国科学技术发展规划纲要（草案）》。1982 年党的十二大首次明确提出科学技术是国民经济建设的战略重点。同年在全国科学技术奖励大会上提出"经济建设要依靠科学技术，科学技术工作要面向经济建设"的战略方针，以此纠正科技发展同经济建设脱节的情况。1985 年，中共中央发布《关于科学技术体制改革的决定》，我国科技体制改革全面启动。改革围绕科技拨款制度、组织结构、人事制度、技术市场等方面展开，目的在于充分发挥科技人员的创造力，促进科技成果转化并应用于生产，解决科技和经济"两张皮"的问题。1986 年制定的《1986—2000 年科学技术发展规划》，以"面向、依靠"为基本指导方针，进一步推动科技体制改革。总体来看，这一时期党的方针在于重建我国科技体制，逐渐破除传统计划体制下的组织管理模式，使科技改革适应市场经济体制改革的要求，促进经济发展。一系列规划和改革为我国长期的科技水平提升和科技产业发展打下了重要基础。

3. 实施科教兴国，探索创新道路（1995—2006）

随着科学技术对经济发展的影响日益增长，并成为国家综合国力的重要力量，党和国家结合世界科技发展趋势与国内实际情况，中共中央、国务院于 1995 年出台《关于加速科学技术进步的决定》，正式提出科教兴国战略。坚持教育为本，把科技和教育摆在经济、社会发展的重要位置，增强国家的科技实力及向现实生产力转化的能力，提高全民族的科技文化素质，把经济建设转移到依靠科技进步和提高劳动者素质的轨道上来，加速实现国家的繁荣强盛。1998年，中国科学院《关于"知识创新工程"试点的汇报提纲》获得审议通过，提出建设国家创新体系，提高国家创新能力，大力发展高新技术产业。自此，知识创新工程拉开序幕。目标在于建设符合社会主义市场经济和科技发展规律的国家创新体系，提高我国知识创新能力，培养高素质创新科技人才。1999年，中共中央、国务院印发《关于加强技术创新，发展高科技，实现产业化的决定》，提出在新的历史时期要注重技术创新和高科技发展，促进高新技术成果商品化、产业化。2001年，《国民经济和社会发展第十个五年计划科技教育发展专项规划》的发布进一步推动科教兴国战略的贯彻和落实。总体来看，这一时期党的方针在于注重教育在科技乃至经济发展中的重要作用；关注经济与社会的协调可持续发展以及科技在其中的积极价值；强调知识创新；推进科研机构改革以适应市场化要求，加强科技成果向现实生产力转化；进一步促进国家科技计划体系的形成。

4. 提升自主创新能力，构建国家创新体系（2006—2012）

2006年，中共中央、国务院发布《国家中长期科学和技术发展规划纲要（2006—2020年）》，确立"自主创新、重点跨越、支撑发展、引领未来"的指导方针，明确提出用15年时间把我国建设成为创新型国家的战略目标。该规划纲要指出了中国特色国家创新体系建设的五个重点：一是建设以企业为主体、产学研结合的技术创新体系；二是建设科学研究与高等教育有机结合的知识创新体系；三是建设军民结合、寓军于民的国防科技创新体系；四是建设各具特色和优势的区域创新体系；五是建设社会化、网络化的科技中介服务体系。2012 年，中共中央、国务院印发《关于深化科技体制改革加快国家创新体系建设的意见》，在强化企业技术创新主体地位，加强统筹部署和协同创新，改革科技管理体制，完善人才发展机制，营造良好科技创新环境以及加强组织领导等方面作出了重要指示。目标是到 2020 年基本建成适应社会主义市场经济体制、符合科技发展规律的中国特色国家创新体系，大幅提升科技支撑引领经济社会发展的能力，进入创新型国家行列。因此，这一时期党的方针在于以提高自主创新能力，建设创新型国家为国家发展战略核心，以推进和完善国家创新体系建设为目标，坚持中国特色自主创新道路，把增强自主创新能力贯彻到国家现代化建设的诸多方面。

5. 坚持创新驱动发展，建设世界科技强国（2012 年至今）

党的十八大以来，中共中央高度重视科技创新，对实施创新驱动发展战略作出顶层设计和重要部署。2015 年，中共中央、国务院印发《深化科技体制改革实施方案》。该方案从市场机制、科研体系、人才培养、科技成果转化、科技金融等十个方面共提出 143 项措施，成为我国全面推动构建中国特色国家创新体系的重要标志。2016 年，中共中央、国务院印发《国家创新驱动发展战略纲要》，提出"三步走"战略目标。2020 年，党的十九届五中全会提出，坚持创新在我国现代化建设全局中的核心地位，把科技自立自强作为国家发展的战略支撑，面向世界科技前沿、面向经济主战场、面向国家重大需求、面向人民生命健康，完善国家创新体系，加快建设科技强国。2021 年，《中华人民共和国国民经济和社会发展第十四个五年规划和 2035 年远景目标纲要》发布。纲要以"坚持创新驱动发展，全面塑造发展新优势"为主题，从强化国家战略科技力量，提升企业技术创新能力，激发人才创新活力和完善科技创新体制机制等方面对我国新时期的科技事业进行了重要战略部署。2022 年，党的二十大报告明确指出，教育、科技、人才是全面建设社会主义现代化国家的基础性、战略性支撑。必须坚持科技是第一生产力、人才是第一资源、创新是第一动力，深入实施科教兴国战略、人才强国战略、创新驱动发展战略，开辟发展新领域新赛道，不断塑造发展新动能新优势。总体而言，这一时期党的方针在于以建设世界科技强国为远大目标，深入实施创新驱动发展战略；加强人才队伍建设；重视国家战略科技力量的强化；重视基础研究与原始创新；注重科技创新在推动产业高质量发展、改善社会民生等领域的重要作用。

三、建设科技强国是中国共产党的历史使命

中国共产党是马克思主义使命型政党。所谓马克思主义使命型政党，"是指以马克思主义为指导，以对人类社会发展规律的认知与

把握为前提，以人民至上为价值宗旨，以建立共产主义、实现每个人的自由全面发展为最终使命，具有强烈的历史主体意识与舍我其谁的责任担当情怀的一种政党类型"。[①] 马克思主义的指导和中国近代以来的历史境遇，使得中国共产党自诞生之日就肩负起了救国救民的历史重任，"把为中国人民谋幸福、为中华民族谋复兴确立为自己的初心使命"[②]。随着时代的变迁，中国共产党始终未曾动摇这一初心使命，并且在新时代中国特色社会主义的现代化建设中继续将其发扬光大。正是这样的初心使命，构成了中国科技强国建设强大而不竭的牵引动力。

中国共产党是我国建设科技强国伟大征程的引领者。1978 年，邓小平在全国科学大会上，将科学技术现代化作为四个现代化的关键，并强调能不能把我国的科学技术尽快地搞上去，关键在于我们党是不是善于领导科学技术工作。[③] 在新时代中国特色社会主义的发展道路上，习近平更是明确指出："中国共产党领导是中国特色科技创新事业不断前进的根本政治保证。我们要坚持和加强党对科技事业的领导，坚持正确政治方向，动员全党全国全社会万众一心为实现建设世界科技强国的目标而努力奋斗。"[④] 中国共产党对于科技

---

① 李海青：《马克思主义使命型政党理论溯源——对〈共产党宣言〉的政治哲学解读》，《哲学动态》2018 年第 5 期。

② 习近平：《在庆祝中国共产党成立 100 周年大会上的讲话》，《人民日报》2021年 7 月 2 日。

③ 《邓小平文选》第 2 卷，人民出版社 1994 年版，第 96 页。

④ 习近平：《论科技自立自强》，中央文献出版社 2023 年版，第 210 页。

事业发展的重要推动力在于党起到了总揽全局、协调各方的领导核心作用，具有能够为建设科技强国事业把方向、谋大局、定政策、促改革的能力。

第一，党的领导能够为建设科技强国事业把握正确的政治方向。这一方向在于在党的领导下，高举社会主义伟大旗帜，坚定"四个自信"，做到"两个维护"，始终坚持中国特色社会主义道路，以人民为中心，以推动构建人类命运共同体为崇高理想，坚持不懈地发展科技事业。这一方向是社会主义科技事业发展的优势体现，其并非为了满足少数资本精英群体之利益，或如某些西方国家以实现世界霸权为目标，而是服务于人民，乃至于最终为全人类造福。这不仅有利于中华民族自身的发展，更有利于整个人类文明的进步。

第二，党的领导能够为建设科技强国事业谋定大局。此大局意味着中国特色社会主义的科技事业要着眼于当今世界百年未有之大变局和中华民族伟大复兴的战略全局。只有坚持在这两个大局下思考与行动，才能充分认识到建设世界科技强国的重大战略意义，同时清醒地分析我们当下面临的机遇和挑战，准确把握社会发展中的主要矛盾，统筹部署，并动员全党、全社会都更加积极主动地投入科技事业的发展。

第三，党的领导能够为建设科技强国事业制定行之有效的政策。从"向科学进军"到"科学技术是第一生产力"，从"科教兴国"到"国家创新体系"的建设，再由"创新驱动"到"建设世界科技强国征程"的开启。中国科技发展从科技立国到科技兴国，再到科技强国的光辉历史，证明中国共产党始终能够站在历史的前沿，高瞻远瞩、审时度势进行顶层设计，统筹协调各方关系，在历史的每一个关键节点都作出重大战略部署，制定符合实际国情并能够满足人民和社会需要的科技政策，使我国的科技发展事业长盛不衰。

第四，党的领导能够为建设科技强国事业注入改革创新的活力。改革之路充满挑战，但势在必行。中国共产党拥有巨大的政治勇气和高明的政治智慧，坚持全面深化改革，敢于打响新时代科技改革攻坚战，敢于突进深水区，敢啃硬骨头，力求冲破思想观念束缚，突破利益固化藩篱，坚决破除各方面体制机制弊端。这必将为我国科技事业的发展扫除障碍，并通过科技创新与体制机制创新的"双轮驱动"为其注入持久的活力。

第二节　维护世界变局中的国家安全

回顾历史，西方资本主义国家重视科技发展的一个重要动力因素是战争，为了借助科技手段更高效地对外实施侵略和掠夺，以维护自身霸权与利益。与此不同，对中国科技强国建设而言，科技发展不是为了发动战争，相反是为了和平，是为了在当今冲突频发、动荡不安的世界百年未有之大变局中，更好地维护国家安全与稳定。

一、战争与和平：中西方科技发展的不同指向

从西方资本主义发展的历史来看，战争的目的在根本上服务于资本的逻辑，是实现并维护资本全球化扩张的必要手段。马克思曾在《资本论》第一卷第二十四章中一针见血地指出："资本来到世间，从头到脚，每个毛孔都滴着血和肮脏的东西。"① 在西方早期的重商主义时期，欧洲资本主义国家为了完成资本的原始积累，大肆向海外进行殖民扩张。通过战争在南美洲、北美洲、大洋洲、亚洲、非洲等大陆掠夺土地和资源，通过枪炮和瘟疫消灭被殖民地的原住民，通过奴隶制三角贸易赚取巨额利润。西欧列强针对中国发动鸦片战争，强行打开中国国门，以鸦片贸易的方式攫取了大量中国财富，逆转了欧洲对中国长期的贸易逆差。因此，西方早期的资本主义形态，正如斯文·贝克特（Sven Beckert）在《棉花帝国》中揭露的，乃是一种战争资本主义。在这之后，战争并没有随着西方国家完成资本的原始积累就此消失，而是随着产业资本的全球化扩张引发的恶性竞争而愈演愈烈。资本主义国家在产业资本扩张阶段的对抗性矛盾激化与两次世界大战的爆发具有直接关系。② 到 20 世纪 80 年代，资本扩张逐渐进入金融资本的全球化阶段。这一时期虽然在全球范围没有爆发大规模的热战，但局部战争不断，没有硝烟的

① 《马克思恩格斯文集》第 5 卷，人民出版社 2009 年版，第 851 页。

② 温铁军、张俊娜：《疫情下的全球化危机及中国应对》，《探索与争鸣》2020 年第 4 期。

战争也始终在上演。以美国为首的霸权国家通过军事霸权维持其在全世界范围的金融霸权，将金融资本虚拟化扩张中的经济和政治风险成本转嫁其他国家，尤其是发展中国家，以此最大化自身利益。[①]这一过程并没有比早期殖民时代的资本扩张显得更加"文明"，往往伴随的是通过各种手段制造区域冲突，民族分裂，引发他国社会动荡，伺机收购他国有价资产，并通过文化、教育等手段对目标国家进行意识形态的渗透，以便更好地对其进行操控。金融霸权国借助国际垄断资本，通过科技战、贸易战、金融战乃至于策划局部热战的方式，在全球范围进行资源和财富的掠夺和收割，而任何企图反抗的力量都会受到其打压和制裁。总之，在资本全球化扩张的进程中，战争始终如影随形。一方面，资本趋利和增值的本性无时无刻不在煽动着战争的业火；另一方面，战争则反过来维系着资本逻辑的运作，通过暴力手段建立能够满足资本扩张需求的地缘政治和经济秩序。

这种根植于资本的战争需求从两个层面对科技的发展产生了重要的推动力量。首先，由于战争需求背后所服务的乃是资本扩张的需求，因而对于西方资本主义国家而言，这种需求就是要通过科技的发展不断确保自身在殖民竞争、军事竞争和国家竞争中的优势地位，最大限度地扩张自己在全球范围的霸权，实现资本利益最大化。

---

① 温铁军：《全球化与国际竞争：新兴七国比较研究》，东方出版社2021年版，第23—25页。

其次，战争事关国家的生死存亡，"而没有任何社会需求比得上人类在集体性死亡面前产生的求生欲望和由此导致的集体行动"①。"二战"期间美国的曼哈顿计划就是典型代表，要确保对手在拥有消灭己方能力之前，抢先拥有消灭对手的能力。因此，通过科技力量来增强军事实力以确保战争中的生存和胜利，也是西方各国推动科技发展的动因。当然这在根本上依然与资本的国际竞争密不可分。

中国特色社会主义的科技强国建设并不是服务于为了满足资本扩张需求的侵略和非正义战争，恰恰相反，是为了和平，为了维护国家的安全与稳定。中国人从近代百年屈辱的历史中总结出了"落后就要挨打"的经验教训。历史的经验告诉我们，若想维护国家的统一与安全，维护民族尊严与地位，就必须依靠科技发展，实现科技自立自强，通过科学技术的进步来提升自身的经济、政治、军事等力量，提升自身的综合国力。正如中国"两弹一星"的成功就极大地提升了我国的国防实力和国际地位。习近平指出："科技自立自强是国家强盛之基、安全之要。我们必须完整、准确、全面贯彻新发展理念，深入实施创新驱动发展战略，把科技的命脉牢牢掌握在自己手中，在科技自立自强上取得更大进步，不断提升我国发展独立性、自主性、安全性，催生更多新技术新产业，开辟经济发展的新领域新赛道，形成国际竞争新优势。"②让国家真正强大起来。

---

① 文一：《科学革命的密码：枪炮、战争与西方崛起之谜》，东方出版中心2021年版，第4页。

② 习近平：《论科技自立自强》，中央文献出版社2023年版，第284页。

二、以科技发展维护国家安全

国家安全关系到一个国家和民族的生存与发展，是民族走向强盛的前提。《中华人民共和国国家安全法》明确说明："国家安全是指国家政权、主权、统一和领土完整、人民福祉、经济社会可持续发展和国家其他重大利益相对处于没有危险和不受内外威胁的状态，以及保障持续安全状态的能力。"[①] 科技兴则民族兴，科技强则国家强，科技创新与发展在推进国家安全体系建设和安全能力提升方面发挥着关键性作用，乃护国安邦之利器。从新中国成立至今，不同的历史时期与历史境遇对我国的国家安全提出了不同的要求，对于维护国家安全的需要成为我国大力推进科技发展的重要动力之一。

新中国成立初期的国家安全主要涉及以军事安全和政治安全为主的传统安全问题。新中国成立之初，我国的国家安全面临着严重的内忧外患。内有反动势力暗流涌动，外有帝国主义的威胁和封锁。意识形态、社会制度的对立与竞争，加速了国际局势的动荡与恶化。为了捍卫来之不易的和平，维护国家主权与领土完整，中国先后经历了抗美援朝战争、中印边境自卫反击战、珍宝岛自卫反击战。这一时期，基于"战争与革命"不可避免的战略判断，军事手段成了维护国家安全的主要手段。国家在军事力量与军事科技方面投入了

---

① 《中华人民共和国国家安全法》。

大量财力、物力与人力。毛泽东曾说："我们现在已经比过去强，以后还要比现在强，不但要有更多的飞机和大炮，而且还要有原子弹。在今天的世界上，我们要不受人家欺负，就不能没有这个东西。"[①]为了应对当时世界几个主要大国的核垄断与核威胁，在党的领导下，全国人民上下一心，克服重重困难，最终成功使中国拥有了自己的原子弹和氢弹，从而通过核制衡维护了国家和区域的安全与稳定。总之，在社会主义革命和建设时期，基于军事和政治安全的考量，党和国家提出向科学进军，通过加强科技研发，大力支持国防和军事建设。

进入改革开放和社会主义新时期，国家安全出现了从传统安全向以经济安全为基础的非传统安全的转型。改革开放后，邓小平指出："现在世界上真正大的问题，带全球性的战略问题，一个是和平问题，一个是经济问题或者说发展问题。"[②]党的十一届三中全会将党的工作重点和全国人民的注意力转移到社会主义现代化建设上来，自此，经济安全与发展逐渐成为国家安全的核心，政治、军事等领域则以服务经济发展为导向。政治安全上强调"稳定"优先。对外采取独立自主的不结盟政策。这一时期，为了有效推进经济发展，党和国家将提高科技水平，实现科技现代化作为社会主义现代化的关键所在。科学技术被视为维护国家安全的重

---

① 《毛泽东文集》第 7 卷，人民出版社 1999 年版，第 27 页。
② 《邓小平文选》第 3 卷，人民出版社 1993 年版，第 105 页。

要保障。邓小平在 1978 年全国科学技术大会上强调："不搞现代化，科学技术水平不提高，社会生产力不发达，国家的实力得不到加强，人民的物质文化生活得不到改善，那末，我们的社会主义政治制度和经济制度就不能充分巩固，我们国家的安全就没有可靠的保障。"①

冷战结束后，世界格局由两极向多极化趋势转变，但国内分裂势力与西方霸权势力对我国国家安全的威胁始终存在。西方国家在思想、文化、意识形态领域对中国进行和平演变的企图也从未停止。21 世纪后，中国的迅速崛起让西方霸权国家感受到了威胁，大肆宣扬"中国威胁论"，对我国的国家安全造成负面影响。在总体稳定、局部动荡的环境下，国家安全问题被纳入一个综合性的视域。我国一方面在政治、军事的传统安全领域依然继续奉行防御性的国防政策，积极裁军，坚持和平发展；另一方面不断加大对诸多非传统安全问题的重视，包括经济安全、粮食安全、环境安全、文化与意识形态安全、社会安全，等等。为了应对日益复杂的安全问题，党和国家将科技创新作为了一条有效的突破路径。江泽民在 1995 年 5 月召开的全国科学技术大会上指出："创新是一个民族进步的灵魂，是一个国家兴旺发达的不竭动力"，"作为一个独立自主的社会主义大国，我们必须在科技方面掌握自己的命运"。②胡锦涛在党的十七大

---

① 《邓小平文选》第 2 卷，人民出版社 1994 年版，第 86 页。
② 《江泽民文选》第 1 卷，人民出版社 2006 年版，第 432 页。

报告中指出："提高自主创新能力，建设创新型国家。这是国家发展战略的核心，是提高综合国力的关键。"① 这一时期，党和国家将提高科技自主创新能力作为推动社会发展，维护国家安全的重要战略核心，在农业、水利工程、能源、航天、交通等诸多领域取得了一系列重大突破。

进入新时代以来，我国面临的国家安全环境日益复杂。以习近平同志为核心的党中央审时度势，提出了总体国家安全观。习近平指出："我们要坚持以人民安全为宗旨、以政治安全为根本、以经济安全为基础、以军事科技文化社会安全为保障、以促进国际安全为依托，统筹外部安全和内部安全、国土安全和国民安全、传统安全和非传统安全、自身安全和共同安全，统筹维护和塑造国家安全，夯实国家安全和社会稳定基层基础，完善参与全球安全治理机制，建设更高水平的平安中国，以新安全格局保障新发展格局。"② 总体国家安全观在继承以往国家安全领域经验的同时，将传统与非传统的安全问题统筹结合，把安全发展贯穿国家发展各领域和全过程，力求建立并完善涵盖政治安全、人民安全、国土安全、军事安全、经济安全、金融安全、资源能源安全、粮食安全、文化安全、科技安

① 胡锦涛：《高举中国特色社会主义伟大旗帜　为夺取全面建设小康社会新胜利而奋斗——在中国共产党第十七次全国代表大会上的报告》，《人民日报》2007年10月25日。

② 习近平：《高举中国特色社会主义伟大旗帜　为全面建设社会主义现代化国家而团结奋斗——在中国共产党第二十次全国代表大会上的报告》，人民出版社2022年版，第52页。

全、网络与信息安全、社会安全、生态安全、核安全、外层空间及国际海底区域和极地安全、海外利益安全等诸多方面的国家安全体系。健全的国家安全体系建设，对我国的科技发展提出了更高的要求，使得科技创新的重要性不断增强。习近平强调："科技创新作为提高社会生产力、提升国际竞争力、增强综合国力、保障国家安全的战略支撑，必须摆在国家发展全局的核心位置。"[1]

虽然和平、发展、合作、共赢依然是时代的潮流，但国际安全面临的不稳定性、不确定性更加突出，国际战略竞争呈上升之势，全球和地区性安全问题持续增多。在新一轮科技革命和产业变革推动下，国际军事竞争格局正在发生历史性变化，战争形态加速向信息化、智能化演变。[2] 同时，以美国为首的西方国家出于金融资本扩张和政治军事霸权的利益，在全世界范围兴风作浪，大肆制造矛盾与冲突，使得当下的战争已经不再局限于传统的军事领域，而是以贸易战、金融战、科技战、网络战、文化与意识形态战争等多种形式在国家之间、区域之间反复上演。美国从 2018 年开始发起的对华贸易战就是典型的代表。虽然我们暂时还没有直接面对热战冲突，但已经在发生的无硝烟的"战争"深刻关系到国家、民族的未来发展。面对正在发生的这场世界百年未有之大变局，为了在如今全球动荡的年代更好地维护国家、民族的利益与安全，通过科技创新来

---

① 《习近平关于科技创新论述摘编》，中央文献出版社 2016 年版，第 30 页。
② 《新时代的中国国防白皮书》，2019 年 7 月 24 日。

提升国家的综合国力，建设科技强国，以有效应对西方霸权势力的威胁，成了一条必由之路。

三、建设科技强国是"世界百年未有之大变局"的时代要求

习近平在 2018 年 6 月中央外事工作会议上首次提出"世界处于百年未有之大变局"的重大论断。党的二十大报告指出："当前，世界百年未有之大变局加速演进，新一轮科技革命和产业变革深入发展，国际力量对比深刻调整，我国发展面临新的战略机遇。同时，世纪疫情影响深远，逆全球化思潮抬头，单边主义、保护主义明显上升，世界经济复苏乏力，局部冲突和动荡频发，全球性问题加剧，世界进入新的动荡变革期。"①

具体来看，世界变局之大主要体现在以下两个方面：

第一，世界秩序和格局发生深刻改变。一方面，国际力量对比以及世界地缘政治和经济重心之"东升西降"的趋势日益明显。21世纪以来，非西方化国家力量逐渐上升，以"金砖国家"为代表的新兴经济体群体性崛起，中国等一批新兴市场国家和发展中国家快速发展，影响力持续增强。世界多极化加速发展，国际格局日趋均衡。另一方面，美国等一些发达国家为维护自身利益与霸权地位，

---

① 习近平：《高举中国特色社会主义伟大旗帜　为全面建设社会主义现代化国家而团结奋斗——在中国共产党第二十次全国代表大会上的报告》，人民出版社 2022 年版，第 26 页。

通过经济、政治、科技等各种手段对中国等新兴经济体进行制约和打压。贸易保护主义、单边主义等致使全球产业链供应链回缩和制造业全球化退潮。世界经济仍处于深度调整期，虽有复苏迹象，但并不稳定，阻碍众多。大国战略博弈、地缘政治冲突、意识形态对立全面升级。世界局部战争频发，俄乌战争、巴以战争等加剧了世界范围的动荡不安。和平赤字、发展赤字、治理赤字成为摆在全人类面前的严峻挑战。

第二，全球新一轮科技革命和产业变革加速演进。科技是影响时代进步，推动社会发展的重要动力。人类历史上的三次科技革命，都引发了生产生活方式的巨大变革，推动人类社会相继进入"蒸汽时代""电气时代"和"信息时代"，并深刻影响了世界格局的变迁。当前，"以人工智能、量子信息、移动通信、物联网、区块链为代表的新一代信息技术加速突破应用，以合成生物学、基因编辑、脑科学、再生医学等为代表的生命科学领域孕育新的变革，融合机器人、数字化、新材料的先进制造技术正在加速推进制造业向智能化、服务化、绿色化转型，以清洁高效可持续为目标的能源技术加速发展将引发全球能源变革，空间和海洋技术正在拓展人类生存发展新疆域"。[①] 科技的发展在今天深刻关系着社会的安定、国家的前途和人类的幸福生活。在此情况下，抢抓科技革命优势，占领科技竞争中的主导地位成为各国战略发展与博弈的重中之重。一方面，若不能

---

① 习近平：《论科技自立自强》，中央文献出版社 2023 年版，第 198 页。

自主掌握某个领域的核心技术，就会面临被别人"卡脖子"的艰难处境，使国家在国际竞争中面临差距被进一步拉大的严峻挑战；另一方面，若是能够在挑战中抓住机遇，就能通过科技创新与突破实现跨越式发展，在国际竞争中实现"弯道超车"。

国际形势的风云变幻和全球科技、产业革命带来的挑战，要求我们必须在总体国家安全观的指导下，进一步大力推动科技发展，依靠科技自立自强提高国家的综合竞争力。为了维护国家安全，我们的科技发展水平在诸多领域仍有待进一步提高。例如，在国家战略科技领域，需要聚焦量子信息、光子与微纳电子、网络通信、人工智能、生物医药、现代能源系统等重大创新领域组建国家实验室；攻关新发突发传染病和生物安全风险防控、医药和医疗设备、关键元器件零部件和基础材料、油气勘探开发等领域关键核心技术。在安全领域，需要开展种源"卡脖子"技术攻关，提高良种自主可控能力；强化重要能源设施、能源网络安全防护；推进金融业信息化核心技术安全可控，维护金融基础设施安全等。在国防领域，需要加快发展高性能计算技术、赛博网络安全技术和传感感知技术；加快武器装备现代化，加速武器装备升级换代和智能化武器装备发展等等。总而言之，在当今时代，科技已成为国家安全之基。"世界百年未有之大变局"的时代背景对我国的国家安全提出了更高的要求，因而我国的科技事业依然任重而道远，而这一重任也反过来成了我国建设科技强国的强大动力。

第三节　增进中国特色社会主义的民生福祉

"任何人类历史的第一个前提无疑是有生命的个人的存在"[1]，对于人之生命的价值和意义的维护，在中国特色社会主义的发展道路中正体现为以增进民生福祉为奋斗目标。"民为邦本，本固邦宁。"只有实现人民安居乐业，幸福生活，才能充分彰显中国特色社会主义制度的优越性。在当今科技日新月异的时代，科技创新与发展是增进民生福祉的必然选择，而以人民为中心，满足人民日益增长的需要和对美好生活的向往则成为建设科技强国的重要驱动力之一。

一、中西方科技发展所为"民"之不同

维护国家安全与社会稳定归根结底是保障人民利益，是为了能够让人民安居乐业，为人民创造美好幸福的生活。坚持以人民为中心，维护人民根本利益，增进民生福祉，是中国共产党领导的社会主义现代化建设始终秉持的重大原则，也是我国科技事业发展的重要宗旨。这与"民主"的西方资本主义国家有着本质上的不同。

虽然西方国家在意识形态的话语中经常以"民主"国家自居，

---

[1] 《马克思恩格斯全集》第3卷，人民出版社1960年版，第23页。

但其民主制度的发展历史却并没有那么光鲜。古希腊文明是西方文明重要的发源之一，也是西方引以为傲的历史文化。然而，古希腊城邦式的民主制度实质上建立在对占社会绝大多数的奴隶人口的剥削和压迫的基础上。大量奴隶为城邦的经济和生活提供无偿服务，以此好让少数的贵族、奴隶主和自由民享受所谓的"民主"。在西方近代资本主义发展的历程中，西方国家优越的"民主"生活，不仅依靠于对全世界范围其他落后地区的殖民、掠夺和对其民众的杀戮，同时也伴随着对本国广大底层劳动者的剥削与压迫。由此可见西方资产阶级民主的虚伪性和局限性，其所谓的民主制度"在实际运作中实为一种商人阶层推动、资本精英主导和党派分割竞争的资本政治"[①]。在这个意义上，西方资本主义国家现代化建设和科技发展的红利实际上并不能有效地惠及社会的普罗大众，反而在资本的运作下进一步加深了社会的贫富两极分化。

以马克思主义和中国特色社会主义思想为指导的科技发展与资本主义科技发展的本质区别就在于，其不是为了维护少数特权阶级、资产阶级的利益，不是把人当作服务于资本扩张和增值的工具，而是以人为本，以促进人的自由全面发展、实现人的解放为前进方向。新中国成立之初，毛泽东同志基于马克思主义的科技思想确立了党的人民科学观，提出"向科学进军"，强调科技发展要服务于人民，

---

① 张明军、李天云：《全过程人民民主：民主政治的中国方案》，《中州学刊》2023 年第 10 期。

服务于国家建设。邓小平提出"科学技术是生产力"，明确了以推动社会生产力大发展，促进社会主义经济建设，改善人民物质生活为目标的科技发展方向。① 江泽民认为科技进步和创新是维护和实现最广大人民根本利益的必然要求。② 胡锦涛继续发扬科技发展的人本思想，强调坚持以人为本，让科技发展成果惠及全体人民。③ 习近平坚持科技创新发展为了人民、依靠人民，成果由全体人民共享的根本立场。将增进民生福祉，实现广大人民群众对美好生活的向往和需要作为科技事业发展的动力源泉。

二、以人民为中心建设科技强国

"坚持以人民为中心"是增进民生福祉的根本立场。国家"十四五"规划指出："坚持以人民为中心。坚持人民主体地位，坚持共同富裕方向，始终做到发展为了人民、发展依靠人民、发展成果由人民共享，维护人民根本利益，激发全体人民积极性、主动性、创造性，促进社会公平，增进民生福祉，不断实现人民对美好生活的向往。"④ 人民作为主体始终处在中国特色社会主义科技事业发展

---

① 《邓小平文选》第3卷，人民出版社1993年版，第63页。
② 江泽民：《全面贯彻"三个代表"要求大力推进科学技术创新》，《人民日报》2002年5月29日。
③ 胡锦涛：《坚持走中国特色自主创新道路　为建设创新型国家而努力奋斗》，《人民日报》2006年1月10日。
④ 《中华人民共和国国民经济和社会发展第十四个五年规划和2035年远景目标纲要》，2021年3月13日。

的第一位，是这一事业发展的动力之所在。在建设世界科技强国的重要历史任务中，这意味着建设世界科技强国要以满足人民的需要为奋斗目标，依靠人民主体的创造性力量，最终能够使发展成果回馈于人民，共享于人民。

1. 人民的需要是建设世界科技强国的重要导向和动力之源

马克思主义认为，需要是人的天然必然性，是人的本性，人正是由于生存与发展的需要才会通过劳动投身于各种各样的生产实践活动，并通过创造出多元的物质和精神实在来满足自身的需求。"物质生产劳动是人类社会的存在和人类历史发展的基础，而人的需要则是物质生产得以产生、存在的内在根据。"[1] 在这个意义上，人的需要是促进社会生产与发展的基本的内在的动力。

对于我国新时代科技创新发展，习近平进一步指出："人民的需要和呼唤，是科技进步和创新的时代声音。"[2] 面对"人民日益增长的美好生活需要和不平衡不充分的发展之间的矛盾"这一当前社会主要矛盾，必须"把满足人民对美好生活的向往作为科技创新的落脚点，把惠民、利民、富民、改善民生作为科技创新的重要方向"[3]。此外，关于科技发展"四个面向"的重要论断，旗帜鲜明地将"面向人民生命健康"与"面向世界科技前沿""面向经济主战

① 郑忆石：《社会发展动力论：从马克思到西方马克思主义》，重庆出版社 2012 年版，第 43 页。

② 习近平：《论科技自立自强》，中央文献出版社 2023 年版，第 156 页。

③ 习近平：《论科技自立自强》，中央文献出版社 2023 年版，第 201 页。

场""面向国家重大需求"摆在同等重要的位置，进一步显示出人民需求的重要导向性。因此，建设世界科技强国是为了人民的需要而去建设，满足人民对美好生活向往的需要乃建设世界科技强国的内在动力之源。

2. 人民是建设世界科技强国得以依靠的主体力量

现实的生存需要促使人投身于生产实践，广大人民群众的实践劳动及其合力则进一步推动了社会历史车轮的前行，而科技的发展正是在此过程中，通过人在实践中的不断创造和发明而实现的。一方面，从马克思主义的科技发展观来看，科技在专业领域的创新与进步确实离不开少数科技精英的引领与贡献。因此，人才是国家科技创新与国际科技竞争中的关键因素，是第一资源。必须坚持并大力推进科教兴国和人才强国战略，扩大我国科技人才储备，有效激发科技人才的创新活力；另一方面，从国家与社会的整体发展层面看，科技事业并非仅仅依靠少数科技专家就能够实现。从科学理论的突破与创新，到技术层面的转化，再到产业层面的广泛应用，以及市场规模效应的显现等，其中涉及不同专业、不同行业，以及社会不同渠道之间的充分而有效的协调配合。这一系统化进程需要全社会广大人民群众的共同参与。在这个意义上，需要进一步推进大众创业与万众创新，基于政策扶持，通过资金链、创业创新链、产业链、就业链之间的相互支持，在全社会构建良好的全民创新环境，充分发挥人民在科技创新事业中的主体作用，如此才能整体推动科技强国的建设。这是"发展的动力之源，也是富民之道、公平之计、强国之策"①。

3. 人民共享科技成果是建设世界科技强国的最终落脚点

习近平指出："实施创新驱动发展战略是一个系统工程。科技成果只有同国家需要、人民要求、市场需求相结合，完成从科学研究、实验开发、推广应用的三级跳，才能真正实现创新价值、实现创新驱动发展。"② 这意味着，科技创新的系统性工程不仅需要以人民的需求为导向，依靠人民大众的广泛参与，最终更需要让科技成果能够回馈于普罗大众，让人民共享。对于科技创新及其成败得失，应当以是否使人民受益为评价标准。只有经得起人民检验和评判的科技创新成果，才是有价值、有意义的。否则就只能算是一种猎奇或奇技淫巧。因此，在建设世界科技强国的过程中，必须"紧紧围绕人民切身利益和紧迫需求，把科技创新与改善民生福祉相结合，发挥科技创新在提高人民生活水平、增强全民科学文化素质和健康素质、促进高质量就业创业、扶贫脱贫、建设资源节约型环境友好型社会中的重要作用，让更多创新成果由人民共享，提升民众获得感"③。只有坚持科技为民的根本宗旨，充分落实科技成果普惠于民，让老百姓能够用得上、用得起、用得好，才能充分体现中国特色社会主义科技事业发展区别于

① 《国务院关于大力推进大众创业万众创新若干政策措施的意见》，2015 年 6 月 11 日。

② 习近平：《在中国科学院第十七次院士大会、中国工程院第十二次院士大会上的讲话》，《人民日报》2014 年 6 月 10 日。

③ 《"十三五"国家科技创新规划》，中国政府网，2016 年 8 月 8 日。

资本主义科技发展的本质优越性，即科技建设的推进并非因服务于资本逻辑而加剧了社会的两极分化，而是相反，通过惠及于全体民众而最终促进了社会的共同富裕。进一步而言，从全球视野来看，中国建设世界科技强国的伟大征程，绝不是以牺牲他国人民的利益为代价而换取本国人民的幸福，而是一项促进全球和平发展与稳定，构建人类命运共同体的崇高事业。其间的使命感与责任担当同样为中国科技事业的发展提供了前行的动力。

三、建设科技强国是增进民生福祉的迫切需要

在中国特色社会主义的发展与实践道路中，中国共产党始终都将人民的利益放在第一位，将民生福祉作为党为之奋斗的重要目标。毛泽东在《为人民服务》中曾说："我们这个队伍完全是为着解放人民的，是彻底地为人民的利益而工作的。"邓小平将"是否有利于提高人民的生活水平"作为衡量社会主义的重要评判标准之一。在党的十五大上，江泽民指出："建设有中国特色社会主义全部工作的出发点和落脚点，就是全心全意为人民谋利益。"[1] 胡锦涛在党的十七大报告中指出："全心全意为人民服务是党的根本宗旨，党的一切奋斗和工作都是为了造福人民。"[2] 党的十八大以来，以习近平同志

① 江泽民：《高举邓小平理论伟大旗帜　把建设有中国特色社会主义事业全面推向二十一世纪》，中国政府网，2008 年 7 月 11 日。

② 胡锦涛：《高举中国特色社会主义伟大旗帜　为夺取全面建设小康社会新胜利而奋斗——在中国共产党第十七次全国代表大会上的报告》，《人民日报》2007 年10 月 25 日。

为核心的党中央继续发扬中国共产党为人民服务的精神与初衷。党的十八届三中全会将"促进社会公平正义、增进人民福祉"作为全面深化改革的出发点和落脚点。[①] 习近平在党的二十大报告中强调："江山就是人民，人民就是江山。中国共产党领导人民打江山、守江山，守的是人民的心。治国有常，利民为本。为民造福是立党为公、执政为民的本质要求。必须坚持在发展中保障和改善民生，鼓励共同奋斗创造美好生活，不断实现人民对美好生活的向往。"[②]

增进民生福祉是发展的根本目的，是为了满足人民对美好生活的向往。人民向往能有更好的教育、更稳定的工作、更满意的收入、更可靠的社会保障、更高水平的医疗卫生服务、更舒适的居住条件、更优美的环境，期盼着孩子们能成长得更好、工作得更好、生活得更好，等等。随着经济社会的不断发展，我国人民对美好生活的向往日益上升，从而对社会发展水平提出了更高的要求。这迫切需要我们通过科技创新来实现人民的美好愿望。这也成为我国建设科技强国的重要动力之一。当下与未来，包括乡村振兴、绿色发展、就业、教育、养老、医疗健康等诸多与民生相关的领域都需要依靠科技创新的支持来改进与完善。

---

① 《中共中央关于全面深化改革若干重大问题的决定》，《人民日报》2013 年 11 月 16 日。

② 习近平：《高举中国特色社会主义伟大旗帜　为全面建设社会主义现代化国家而团结奋斗——在中国共产党第二十次全国代表大会上的报告》，人民出版社 2022 年版，第 46 页。

乡村振兴是增进农村民生福祉，缩小城乡差距，实现共同富裕的必然路径。乡村振兴需要科技创新赋能。需要通过农业科技创新实现传统农业向现代农业的转化。以人工智能、大数据、区块链、物联网、云计算等数智技术助力智慧农业建设，改善农业生态环境，为农业生产提供精准化种植、数字化管理、智能化决策，推动传统乡村产业结构升级。以乡村特色产业＋电商平台的模式，拓展乡村产业的市场空间。以生物技术支援现代种业，保障粮食安全和畜牧业良好稳定发展。加大先进农机装备的技术研发与应用，提升农业生产效率，等等。总之，通过科技赋能推动农业现代化建设，激活乡村地区的发展潜能，依靠科技精准扶贫，巩固拓展脱贫攻坚成果，推进城乡融合发展，促进共同富裕。

良好生态环境是最普惠的民生福祉。为此需要科技创新促进绿色发展，构建绿色技术创新体系，促进生态文明建设，实现人与自然和谐共生。需要以能源节约与绿色低碳转型、污染治理、资源节约集约循环利用、低碳与零碳工业流程再造、生态系统固碳增汇、负碳及温室气体减排等领域为重点，加强绿色技术创新引领。[1] 积极推动光伏、风能、水力、生物质能等可再生绿色能源的研发与应用，促进国家能源供应体系的多元发展，减轻对传统化石燃料能源的依赖性。加快先进动力电池、燃料电池等技术的优化升级，促进

---

[1] 《国家发展改革委科技部印发〈关于进一步完善市场导向的绿色技术创新体系实施方案（2023—2025年）〉的通知》（2022年12月13日），中国政府网，2022年12月28日。

交通运输领域的节能减排。推进生态环境监测智能化，发展水污染、大气污染、土壤污染等防治和生态修复技术，固废减量与资源化利用技术等等。总之，环境就是民生，要坚持生态惠民、利民、为民，通过科技创新助力环境质量的改善与提升，努力为人民建设优美的生态生活环境，建设美丽中国。

就业、教育、养老、医疗健康等都是百姓关切的基本民生问题，而这些领域的改善无不需要科技创新与发展。为促进人民高质量充分就业，需要借助科技创新创业，孕育出新产业、新业态、新职业，扩大就业空间，提升就业质量。同时通过建立科技创新平台，为大众提供多样化创新技能学习培训，提升大众就业能力。在教育方面，需要通过信息网络技术、人工智能技术等，破除城乡之间，不同地区之间，不同收入人群之间的数字鸿沟。以线上教育助力线下教学，实现融合发展。进一步推动教育公平和优质文化教育资源均等化。面对我国日益凸显的人口老龄化问题，在养老方面，需要发展老年福祉科技。推进现代信息技术、移动终端、可穿戴设备、智能辅具、健康护理机器人等智能技术在老年人日常生活中的普及应用。鼓励利用虚拟现实等技术，丰富老年人日常娱乐活动，提高老年人社交能力与身心健康。通过智能技术升级，弥补养老院专业护理人员不足，服务质量不高等问题。健康是人民幸福生活的基础。深入实施健康中国行动需要强大的科技支撑。需要加强疫病防控和公共卫生科研力量，提高我国抗击重大传染病和生物安全风险的能力。加强生物医药、高端医疗设备的投入和研发力度，推进核心技术攻关，大力发展具有自主知识产权的高端药物和医疗机械设备，化解我国高端医疗技术领域的"卡脖子"问题，降低医疗成本，解决老百姓看病贵看病难的问题。以科技创新带动大健康产业发展，推进智能信息技术、生物技术在大健康产业领域的大规模深度应用，促进产业链升级，提高健康产品和服务的质量，推动大健康产业的数字化、智能化、定制化转型。

科学技术从来没有像今天这样深刻影响着人民生活福祉。只有把科技创新及其成果转化与人民的切实需要和美好希望相联系，在科技发展中不断增强人民群众的获得感、幸福感和安全感，才能充分彰显中国特色社会主义科技强国建设的价值与意义。因此，为人民谋福祉成为我国进行科技强国建设的重要驱动力。

第四节　实现现代化进程中的民族复兴

以中国式现代化全面推进中华民族伟大复兴是新时代新征程中国共产党的中心任务和历史使命，是全体中国人民的远大理想，是中华民族的时代夙愿。"一百年来，中国共产党团结带领中国人民进行的一切奋斗、一切牺牲、一切创造，归结起来就是一个主题：实现中华民族伟大复兴。"[1] 伟大梦想不是等得来、喊得来的，需要靠

---

① 习近平：《在庆祝中国共产党成立100周年大会上的讲话》，《人民日报》2021年7月2日。

拼搏与实干。在科技革命和产业变革深入发展的全球化时代，中华民族伟大复兴需要科技创新的支撑和科技强国的建设。民族复兴的时代呼唤成为中国建设科技强国的强大驱动力。

一、中西方科技发展所服务的不同现代化道路

西方资本主义国家的现代化进程本质上受到资本逻辑的支配，是一种资本的现代化。由于资本不断扩张的本性，资本逻辑的运作必然导致霸权主义的出现。这种霸权在旧帝国主义那里体现为通过战争与殖民强行打开世界市场，以此方式扩展海外经济贸易，再用从全世界四处掠夺、剥削获得的资源和财富推动本国的工业化建设与现代化发展。随着时代的变迁，当旧帝国主义在当今的全球化时代转变为新帝国主义之后，资本的霸权则更多表现在通过经济手段，尤其是金融手段强制进行全球资本扩张，通过全球性金融垄断与操控，辅以政治军事威慑和文化意识形态渗透，建立世界霸权秩序。这种资本逻辑，正如马克思、恩格斯所言，"迫使一切民族——如果它们不想灭亡的话——采用资产阶级的生产方式；它迫使它们在自己那里推行所谓的文明，即变成资产者。一句话，它按照自己的面貌为自己创造出一个世界"①。

资本扩张与霸权秩序建立的过程对科技力量有着强烈的需求。无论是战争武器的研发，支援海外贸易的航海技术的升级，还是国

---

① 《马克思恩格斯选集》第 1 卷，人民出版社 2012 年版，第 404 页。

家的工业化建设，都离不开科技的支撑。今天的金融资本进行全球性扩张与垄断的方式，更是与互联网、数字信息技术、区块链技术等密不可分，以至于有了数字帝国主义之名。也就是说，在西方现代化进程中，虽然西方资本主义国家鼓励发明创造，支持科技创新，努力完善本国科学技术的教育和研究体系等措施从客观上确实推动了人类科学技术的进步与文明的发展，但必须清楚这些措施背后的根本目的是借助科技力量更有效地进行资本扩张和追求资本利润最大化，进一步实现霸权统治。也正是因此，在资本主义工业化发展的过程中，才会出现机器异化的问题。"机器具有减少人类劳动和使劳动更有成效的神奇力量，然而却引起了饥饿和过度的疲劳"[①]，这正是由于在资本主义的制度下，机器的运用并不是以人为目的，而是以资本为目的。其并没有作为促进人类自由与解放的手段，而是在资本逻辑的支配下，成为一种高效的剥削工具。于是在资本主义的现代化进程中，一边是由科技进步带来的生产力解放，另一边却是社会贫富差距的两极分化。

　　与西方基于资本逻辑的现代化发展不同，在中国特色社会主义伟大旗帜下，中国式现代化建设是真正以人民为中心的现代化，其最终并不是为了服务于资本的无限扩张，不是为了建立世界政治、经济和军事霸权，而是为了实现中华民族伟大复兴。这一民族伟大复兴的道路摒弃了西方"强国必霸"的叙事逻辑，并非将

---

① 《马克思恩格斯文集》第2卷，人民出版社2009年版，第580页。

自己民族和国家的强大建立在牺牲他国人民利益的基础上，而是坚持和平共生，互利共赢的方针，既注重自身的发展，也强调对世界的责任和贡献，以中华民族伟大复兴推动人类命运共同体的建构和繁荣。在此背景下，以中国式现代化全面推进中华民族伟大复兴的历史使命和需求也就成为我国建设世界科技强国的重要驱动。

二、以中国式现代化全面推进中华民族伟大复兴

中国式现代化是中国共产党带领全国各族人民，经过艰苦卓绝的努力，在长期的历史经验和实践探索中总结并开拓出的一条迈向中华民族伟大复兴的正确道路。历史的经验告诉我们，中国不能照搬西方的现代化方式。西方的现代化之路是以资本逻辑为导向的，服务于少数资产阶级统治精英利益的霸权之路。它不仅没有给绝大多数的西方民众造福，而且给世界其他民族和国家的人民带来了深重的灾难与痛苦。同时，疯狂追求资本利润的结果是造成社会贫富的两极分化、人的异化、物欲横流与精神匮乏，以及自然环境的污染和破坏。相反，中国式现代化把人的发展置于现代化的核心位置，囊括中国现有的 14 多亿人口，是人口规模巨大的现代化；其立足人民的立场，超越资本的逻辑，防止资本无序扩张和野蛮生长，努力消除贫富两极分化，是全体人民共同富裕的现代化；其拒绝西方单向度的发展模式，在创造丰富物质的同时注重人的全面发展，是物质文明和精神文明相协调的现代化；其力求克服资本在增值过程中

的反生态本性，强调工业文明和生态文明的有机统一，是人与自然和谐共生的现代化；其反对单边主义和霸权行径，突破"中心—外围"的世界发展体系结构，提倡相互尊重，平等协商，将自身发展与维护世界和平深刻联系在一起，是走和平发展道路的现代化。中国式现代化的本质要求是："坚持中国共产党领导，坚持中国特色社会主义，实现高质量发展，发展全过程人民民主，丰富人民精神世界，实现全体人民共同富裕，促进人与自然和谐共生，推动构建人类命运共同体，创造人类文明新形态。"[1] 党的二十大报告提出，我国的现代化道路分为"两步走"，第一步是到 2035 年基本实现社会主义现代化，第二步是到 21 世纪中叶把我国建成富强民主文明和谐美丽的社会主义现代化强国。这条道路成为中华民族走向伟大复兴的必由之路。

新中国成立以来，在党的领导和全国各族人民的努力奋斗下，我国在短短几十年的时间里完成了发达国家过去要用几百年才能完成的工业化建设，"创造了世所罕见的经济快速发展奇迹和社会长期稳定奇迹"[2]。"十三五"规划目标任务的胜利完成，使得我国经济、科技实力大增，综合国力和人民生活水平跃上新的台阶。我们历史

---

[1] 习近平：《高举中国特色社会主义伟大旗帜　为全面建设社会主义现代化国家而团结奋斗——在中国共产党第二十次全国代表大会上的报告》，人民出版社 2022 年版，第 23 页。

[2]《中共中央关于坚持和完善中国特色社会主义制度　推进国家治理体系和治理能力现代化若干重大问题的决定》，《人民日报》2019 年 11 月 6 日。

性地解决了区域性绝对贫困问题，全面建成了小康社会，成就斐然。"十四五"时期，我国已转向高质量发展阶段。人均国内生产总值达到 1 万美元，城镇化率超过 60%，中等收入群体超过 4 亿人。我国制度优势显著，治理效能提升，经济长期向好，物质基础雄厚，人力资源丰厚，市场空间广阔，发展韧性强大，社会大局稳定，继续发展具有多方面优势和条件。[①] 时日至今，中华民族伟大复兴已步入关键历史阶段，正如习近平指出："我们比历史上任何时期都更接近中华民族伟大复兴的目标，比历史上任何时期都更有信心、有能力实现这个目标。"[②]

在肯定中国特色社会主义现代化道路中已取得的成绩和已具备的优势的同时，我们也应该清醒地认识到在新的历史阶段，我们面临着人民日益增长的美好生活需要和不平衡不充分的发展之间的社会主要矛盾。发展的不平衡和不充分体现在经济、政治、文化、社会、生态等多个领域。在经济发展领域，我国经济总量虽已稳居世界第二，但大而不强，经济的科技含量低，创新能力不适应高质量发展要求。区域之间、城乡之间经济发展不平衡。就城乡发展而言，1980 年，城乡人均可支配收入的比值为 2.50，而到 2020 年比值则为 2.56，人民的整体收入水平虽得到提高，但城乡之间的这种收入

---

① 习近平：《正确认识和把握中长期经济社会发展重大问题》，《求是》2021 年第 2 期。

② 习近平：《在庆祝中国共产党成立 95 周年大会上的讲话》，《人民日报》2016 年 7 月 2 日。

不平衡问题并未得到根本的改善。[①] 在政治领域，国家的法制体系建设仍有待加强，涉及粮食、能源、金融、产业链，以及与高端芯片、人工智能、智能算法等高新技术相关的国家安全问题仍有待重视和解决。在文化领域，物质文明与精神文明发展的不平衡性依然突出。教育缺失、知识匮乏、思想落后、信念丧失、价值迷茫以及享乐主义等多重因素共同导致一些群众的精神贫困，而文化产品与服务供给在品质上的良莠不齐，以及相关的市场乱象，则进一步对精神文明建设起到消极影响。在社会民生领域，教育、医疗、社会保障等基本公共服务存在弱项与短板，且乡村的相关发展落后于城市，看病难、上学难、养老难等社会问题仍是困扰人民群众的痛点。例如，2023 年末，医院中，公立医院床位占 69.2%，民营医院床位占 30.8%。[②] 中国养老保险覆盖率虽然已高达 85%，但养老保障水平不够充分，难以适应人口老龄化的需要。在生态领域，不同地区的环境保护和资源开发存在较大差异，环境质量从西部到东部依次递减。同时，相关生态法律法规不健全、实施不到位、监管不及时、环保意识薄弱、生态投资不足等一系列问题阻碍了我国社会主义生态文明建设的进程。

面对当下我国社会主要矛盾与存在的这些现实问题，我们必须坚持党的领导，坚持中国特色社会主义道路，坚持人民至上，摒弃

---

① 李海舰、杜爽：《发展不平衡问题和发展不充分问题研究》，《中共中央党校（国家行政学院）学报》2022 年第 5 期。

② 《2023 年我国卫生健康事业发展统计公报》，中国政府网。

西方传统粗放式的发展路径，加快科技创新，促进传统生产力向新质生产力转变，推动中国式现代化高质量发展。这是我们实现国家富强与民族复兴的必然选择。

三、建设科技强国是民族复兴的时代呼唤

实现中华民族伟大复兴是全体中国人民的伟大梦想。党的二十大报告明确指出，新时代"中国共产党的中心任务就是团结带领全国各族人民全面建成社会主义现代化强国、实现第二个百年奋斗目标，以中国式现代化全面推进中华民族伟大复兴"[①]。为了解决我国当前社会主要矛盾，推动中国式现代化高质量发展，达成民族复兴的伟大愿望，必须充分发挥科技创新在现代化进程中的关键作用。首先，科学技术作为第一生产力，能够通过基础科学理论的突破，带动新技术的产生，促进产业变革，最终推动社会生产大发展。其次，我国经济发展经历了长期高速增长后，劳动力、资本、土地等要素的规模对经济增长的支撑作用逐步减弱，急需通过科技创新发展带动产业结构升级和技术水平升级，调整经济结构，通过提高全要素生产率激发经济的持续增长。再次，新兴科技尤其是数字技术的发展与普及，能够打破地域限制，扩大基础设施、公共服务等方面的资源和信息在区域、城乡之间的覆盖率和惠及率，提高供给需

---

① 习近平：《高举中国特色社会主义伟大旗帜　为全面建设社会主义现代化国家而团结奋斗——在中国共产党第二十次全国代表大会上的报告》，人民出版社 2022 年版，第 21 页。

求对接效率，拓宽传统产业发展空间，创造新的就业方式，促进区域之间、城乡之间的平衡发展。最后，只有掌握相关领域的核心科技，实现科技自立自强，才能在国际政治、经济、军事等领域的激烈竞争中不受制于人，维护国家利益，守护国家安全。

习近平指出："新质生产力是创新起主导作用，摆脱传统经济增长方式、生产力发展路径，具有高科技、高效能、高质量特征，符合新发展理念的先进生产力质态。它由技术革命性突破、生产要素创新性配置、产业深度转型升级而催生，以劳动者、劳动资料、劳动对象及其优化组合的跃升为基本内涵，以全要素生产率大幅提升为核心标志，特点是创新，关键在质优，本质是先进生产力。"① 以科技创新为核心大力推动先进生产力和生产关系的变革，通过新质生产力助推中国式现代化高质量发展。科技创新是发展新质生产力的核心要素，能够催生新产业、新模式、新动能。必须加强科技创新特别是原创性、颠覆性科技创新，打好关键核心技术攻坚战，加快实现高水平科技自立自强。第一，要充分发挥新型举国体制"集中力量办大事"的制度优势，在党的统一领导下，优化资源配置，面向世界科技前沿、面向经济主战场、面向国家重大需求、面向人民生命健康，形成关键核心技术攻关合力。第二，要提升产业链供应链现代化水平，推动制造业优化升级，深入实施智能制造和绿色

---

① 《加快发展新质生产力　扎实推进高质量发展》，《人民日报》2024年2月2日。

制造工程；聚焦新一代信息技术、生物技术、新能源、新材料、高端装备、新能源汽车、绿色环保以及航空航天、海洋装备等战略性新兴产业，加快关键核心技术创新应用与成果转化，增强要素保障能力，培育壮大产业发展新动能。第三，要加快形成教育、科技和人才三位一体的战略布局。具体包括提升全民科技素养，培养科技发展所需的科技创新型人才，加快科技创新的领军人才队伍建设；注重青年科技人才的培养，支持优秀青年科技才俊挑大梁、当主角，让青年人才成为国家战略人才力量的源头活水；加强基础学科教育，提升科技原始创新能力；建设高质量教育体系，打造具有国际人才吸引力的科技创新高地；推动科学普及，营造倡导科技创新的良好文化环境，等等。

生产力发展水平不仅决定现代化建设的经济基础，而且对国家现代化建设的上层建筑也有着深远的影响。它与国家的强大、社会的繁荣和人民的幸福生活有着重要而直接的关联。以科技创新为核心的新质生产力，有助于建设现代化产业体系，促进数字经济和实体经济的深度融合；有助于促进高质量发展，满足人民日益增长的物质生活和精神生活需要，为实现全体人民的共同富裕提供基础支撑；有助于以绿色发展营造人与自然和谐共生的关系；有助于提升劳动者素质，实现人的全面发展；有助于保障我国社会主义的和平与稳定。这为我国的现代化建设和民族复兴事业开辟了一条切实可行的现实路径。在这个意义上，加快科技创新，推动新质生产力的发展，建设科技强国，成为实现中华民族伟大复兴的必然需求和选择。正如习近平所言："中国要强盛、要复兴，就一定要大力发展科学技术，努力成为世界主要科学中心和创新高地。我们比历史上任何时期都更接近中华民族伟大复兴的目标，我们比历史上任何时期都更需要建设世界科技强国！"①

---

① 习近平：《论科技自立自强》，中央文献出版社 2023 年版，第 199 页。

第五章　建设科技强国的人民指向

保障和增进全体人民的福祉是科技强国建设的动力之一。科技强国建设的人民指向必然是以人民为中心，通过提升国家的整体的实力，最终目的是人民指向，考虑人民福祉。

第一节　人民福祉的多元内涵

一、人民福祉的多重规定

马克思说："科学绝不是一种自私自利的享乐，有幸能够致力于科学研究的人，首先应该拿自己的学识为人类服务。"为人类服务是指向全人类的福祉，对于中国语境而言，指向人民福祉。科学技术是人民福祉的物质保障，又是技术发展的出发点和落脚点。

首先，在科技强国的抽象维度，指向造福全人类。习近平在

《论科技自立自强》中多次提到这个维度。2018 年，习近平指出："服务人民是科技创新的本质要求，各国都有权通过自身努力和国际合作从科技创新中受益。科技创新成果不应该被封锁起来，不应该成为只为少数人牟利的工具。设立知识产权制度的目的是保护和激励创新，而不是制造甚至扩大科技鸿沟。"[①] 2020 年，习近平强调科学技术整体上造福全人类。"科学技术应该造福全人类。"[②] 2021 年，习近平指出："科技成果应该造福全人类，而不应该成为限制、扼制其他国家发展的手段。"[③] 从公平的角度看，造福是指消除差异和鸿沟。2019 年，习近平指出，运用知识造福全人类，需要加强产权保护，增强流动，更为重要的是消除科技鸿沟。"为了更好运用知识的创造以造福人类，我们应该共同加强知识产权保护，而不是搞知识封锁，制造甚至扩大科技鸿沟。"[④] 在论述中，他强调了知识产权保护与科技造福人类的关系。对专利权的尊重和认识决定着一个国家对于创新认识的高度。当然，知识产权保护不仅带来了科技为人类共享，而且也给一批人带来了财富。对于美国而言，知识产权占美国商品出口价值一半以上。2024 年冬季达沃斯论坛上，很多学者谈到了一个担忧：生成式 AI（GenAI）对于知识产权形成的新挑战。案例是《纽约时报》起诉微软和 OpenAI，《纽

---

① 习近平：《论科技自立自强》，中央文献出版社 2023 年版，第 223 页。
② 同上书，第 218 页。
③ 同上。
④ 同上书，第 217 页。

约时报》在诉讼中展示的人工智能"抄袭"原文的情况，是报纸方故意操纵提示词，包括使用冗长的文章摘要，以便让模型反刍的结果。吴恩达认为，微软 LLM 的输出通常是输入的转换，与"反刍"存在本质区别。他撰写过多篇关于 ChatGPT 生成文字内容机制的文章，ChatGPT 使用了 RAG（检索增强生成）这样的机制，在这种机制中，ChatGPT 可以浏览网页搜索相关信息，并根据用户的提示下载文章。他认为 OpenAI 的软件已经更新，使下载的文章不太可能出现"反刍"。他又指出一个正在出现的矛盾是许多出版商可能不喜欢 LLMs 在他们的专有内容上进行训练。这次他站在了微软和 OpenAI 的立场，反驳了侵权的说法。[①] 当然，知识产权保护的负面作用也是不少学者关注的。保护旧的东西越强，文化的活力越少。有人甚至指出人工智能可能是一种使得整个版权法律结构瓦解的技术。

其次，在科技强国的具体维度，指向人类的生存环节。我们可以把全人类生存环节做细化，比如人类的生活要求、生命安全、身体健康等方面。人类生产生活中的新要求成为科技发展的指向之一。"当今世界，发展科学技术必须具有全球视野，把握时代脉搏，紧扣人类生产生活提出的新要求。"[②] 把人类生产生活和人类福祉作为科技强国的具体指向显示了我国发展科学具有全球视野。这里需要

---

① 《OpenAI 开撕纽约时报：故意引导 ChatGPT 得出抄袭结论》，新浪科技网，2024 年 1 月 10 日。

② 习近平：《论科技自立自强》，中央文献出版社 2023 年版，第 260 页。

更进一步思考的问题是：人类生产生活提出的新要求。把人民群众生命安全和身体健康摆在第一位，这是 2020 年疫情防控期间的方针。而强有力的科技支撑成为战胜疫情的保障，为了实现这一点，科技、卫健等十二部门组成科研攻关组，确定了五大主攻方向，组织跨学科、跨领域团队，科研、临床、防控一线相互协调，产学研紧密配合，在很短时间内取得进展。不仅如此，还从科技史中找到历史根据。"纵观人类发展史，人类同疾病较量最有力的武器就是科学技术，人类战胜大灾大疫离不开科学发展和技术创新。"[1] 习近平从古今中外进行了说明。为了保护人民健康幸福，习近平的注意力从一般科技进入科技的保护带"知识产权"。"知识产权保护工作关系人民生活幸福，只有严格保护知识产权，净化消费市场、维护广大消费者权益，才能实现让人民群众买得放心、吃得安心、用得舒心。"[2]

最后，在科技强国的技术维度，把一般科技活动细化为具体领域的科技活动，比如工程科技活动、大数据技术以及人工智能技术。谈到工程科技，习近平也提到："工程造福人类，科技创造未来"[3]。从历史上看，工程科技使得人类文明产生一系列变化：从蒙

---

① 习近平：《论科技自立自强》，中央文献出版社 2023 年版，第 230 页。
② 同上书，第 254 页。
③ 同上书，第 66 页。

昧状态走入文明状态，从游牧生活走向农耕生活，从农耕生活走向工业化，又从工业时代进入信息时代；从产业角度看，导致多次产业革命，如18世纪蒸汽机引发的第一次产业革命导致人类进入机械化时代；19世纪的电机和化工引发的第二次产业革命使得人类进入电气化时代；20世纪信息技术引发的第三次产业革命使得人类进入自动化时代、智能化时代。谈到网络技术，习近平指出："信息化和经济全球化相互促进，互联网已经融入社会生活方方面面，深刻改变了人们的生产和生活方式"[①]。"网信事业发展必须贯彻以人民为中心的发展思想，把增进人民的福祉作为信息化发展的出发点和落脚点，让人民群众在信息化发展中有更多的获得感、幸福感、安全感。"[②]

习近平还谈到大数据，这一技术能够方便人们的生活。从根本上来说，大数据可以促进和改善民生。因此要深度开发教育、就业、社保、医疗、住房、交通等各类便民应用，使得人们的生活更为便捷。[③]

此外，人工智能也成为指向民生的战略性技术。2018年，习近平在中共中央政治局第九次集体学习时强调："要加强人工智能同保障和改善民生的结合，从保障和改善民生、为人民创造美好生活的

---

① 习近平：《论科技自立自强》，中央文献出版社2023年版，第54页。
② 同上书，第189页。
③ 同上书，第178—181页。

需要出发，推动人工智能在人们日常工作、学习、生活中的深度运用，创造更加智能的工作方式和生活方式。要抓住民生领域的突出矛盾和难点，加强人工智能在教育、医疗卫生、体育、住房、交通、助残养老、家政服务等领域的深度应用，创新智能服务体系。"①

二、人民群众的获得感

获得感是人民指向的第一个维度，这个维度的提出和理解经历了一个变化。2015 年 2 月 27 日，习近平在中央全面深化改革领导小组第十次会议上首次提到"获得感"，他强调："要科学统筹各项改革任务，协调抓好党的十八届三中、四中全会改革举措，在法治下推进改革、在改革中完善法治，突出重点，对准焦距，找准穴位，击中要害，推出一批能叫得响、立得住、群众认可的硬招实招，处理好改革'最先一公里'和'最后一公里'的关系，突破'中梗阻'，防止不作为，把改革方案的含金量充分展示出来，让人民群众有更多获得感。"② 2016 年中央一号文件明确提出，让广大农民有更多获得感。"建设好生态宜居的美丽乡村，让广大农民有更多获得感幸福感。"③ 后来更是强调网络安全、国家安全中人民的获得感。2020 年，习近平指出不断增强人民群众获得感、幸福感、安全

---

① 习近平：《论科技自立自强》，中央文献出版社 2023 年版，第 214 页。

② 习近平：《让人民对改革有更多获得感》，人民网，2015 年 11 月 5 日。

③ 习近平：《建设好生态宜居的美丽乡村　让广大农民有更多获得感幸福感》，人民网，2018 年 4 月 24 日。

感。"党和国家高度重视教育、文化、卫生、体育事业发展，党的十八大以来党中央就此作出一系列战略部署，各级党委和政府要抓好落实工作，努力培养担当民族复兴大任的时代新人，扎实推进社会主义文化建设，大力发展卫生健康事业，加快体育强国建设，推动各项社会事业增添新动力、开创新局面，不断增强人民群众获得感、幸福感、安全感。"[①] 党的二十大报告指出："人民群众获得感、幸福感、安全感更加充实、更有保障、更可持续，共同富裕取得新成效。"[②]

从科技创新角度看，我们一直强调科技产品能够让人们获得良好的使用体验。比如，互联网能够让人们获得学习、工作、生活的新空间，也能够让人们获得公共服务的新平台。需要查询什么，很快就能够获得自己需要的信息。"要适应人民期待和需求，加快信息化服务普及，降低应用成本，为老百姓提供用得上、用得起、用得好的信息服务，让亿万人民在共享互联网发展成果上有更多获得感。"[③] 走在上海的街头，想寻找一个咖啡馆处理工作、与朋友聊天，利用手机可以就近搜索附近的咖啡馆，从咖啡连锁店到各类手冲咖

---

① 《习近平主持召开教育文化卫生体育领域专家代表座谈会强调　全面推进教育文化卫生体育事业发展　不断增强人民群众获得感幸福感安全感》，人民网，2020年9月23日。

② 习近平：《高举中国特色社会主义伟大旗帜　为全面建设社会主义现代化国家而团结奋斗——在中国共产党第二十次全国代表大会上的报告》，人民出版社2022年版，第11页。

③ 习近平：《论科技自立自强》，中央文献出版社2023年版，第120页。

啡店，选择种类多样。

三、人民群众的幸福感

幸福感是人民福祉的第二个维度。这个维度与获得感是并列的。相比之下，这个维度较难定义。因为对于获得感来说，与获得信息、服务的感受有关。而幸福感更是一种心理状态。而古今中外学者对于幸福、幸福感并没有明确的定义。

但是很明确的是，这是以人民为中心的一个必不可少的特性。具体表现为"幼有所育、学有所教、劳有所得、病有所医、老有所养、住有所居、弱有所扶"①。作者把生命状态中的弱划分为老弱、病弱、幼弱。对于老年人来说，养老不愁，有一个健康的身体、稳定的生活状态，这就是幸福感。对于病人来说，能够维持良好的生活状态，能够做到看病不拖延，就是幸福感。对于幼小的孩童来说，能够有人照顾，能够学习，这就是幸福感。这就是生活全方位的改善。另外，长寿、富裕也是人们幸福不可缺少的。

四、人民群众的安全感

安全感是人民福祉的第三个维度。安全感是生物生存的最为重要的感觉。安全感可以区分为物理世界中的安全感和虚拟世界的安

---

① 习近平：《高举中国特色社会主义伟大旗帜　为全面建设社会主义现代化国家而团结奋斗——在中国共产党第二十次全国代表大会上的报告》，人民出版社2022年版，第10页。

全感。在原始社会，人的生存环境非常恶劣，野兽出没，天灾不断。这个时候没有任何的安全感。在获得原始的庇护场所，并有了必要的食物来源之后，安全感才建立起来。现代社会这种安全感出现了变化，有的人认为金钱带来安全感；也有的人认为权力带来安全感。对于日常人来说，走在大街上，汽车按照交通规则行驶，这样其他行人、汽车都是安全的。倘若有一个醉驾、毒驾的人，就会对行人产生极大的危害，完全缺乏安全感。

随着互联网、元宇宙的出现，人们的生活空间出现了虚拟空间。在这个空间，安全感也尤其重要。"我国互联网和信息化工作取得了显著成就，网络走入千家万户，网民数量世界第一，我国已成为网络大国。"[1] 虚拟世界对于人民产生了极大影响，"会对他们的求知途径、思维方式、价值观念产生重要影响，特别是会对他们对国家、对社会、对工作、对人生的看法产生重要影响"[2]。但网络上危险因素众多，充斥着虚假信息、诈骗、攻击、谩骂、恐怖、色情、暴力等。此外，还有意识形态风险，"利用网络鼓吹推翻国家政权，煽动宗教极端主义，宣扬民族分裂思想，教唆暴力恐怖活动，等等"[3]。随着生成式人工智能的成熟，这类不安全因素会以机器生成的形式出现，机器幻觉、信息茧房等都会产生新型安全问题。

对于物理世界和虚拟世界的不安全问题，我们采用不同的方式

---

[1]　习近平：《论科技自立自强》，中央文献出版社 2023 年版，第 54 页。

[2]　同上书，第 121 页。

[3]　同上书，第 123 页。

进行治理。对于物理现实世界的不安全要素，通过法治手段进行管理；对于虚拟世界的危险因素，习近平指出："我们要本着对社会负责、对人民负责的态度，依法加强网络空间治理，加强网络内容建设，做强网上正面宣传，培育积极健康、向上向善的网络文化。"[①]

充实的安全感来自坚强的内心，比如正确的人生观、心灵的宁静；安全感的保障来自坚实的保障，如高收入、长寿命、保障体系、教育体系和医疗卫生体系。可持续安全感则来自内心和外部的共同保障。

五、人民对美好生活的需要

2012 年党的十八大对社会主要矛盾的理解是"人民日益增长的物质文化需要同落后的社会生产之间的矛盾"；经过 10 年发展，党的二十大对社会主要矛盾作出了新的界定，"我国社会主要矛盾是人民日益增长的美好生活需要和不平衡不充分的发展之间的矛盾"。人民日益增长的美好生活需要，与发展的不平衡不充分之间形成矛盾。

发展不平衡是一个长期存在的问题，2015 年，我党提出发展理念是创新、协调、绿色、开放和共享。创新发展是解决发展动力问题，协调发展是解决发展不平衡问题；绿色发展是解决人与自然和谐问题；开放发展是解决发展内外联动问题；共享发展是解决社会

---

① 习近平：《论科技自立自强》，中央文献出版社 2023 年版，第 123 页。

公平正义问题。而协调发展指向的则是发展不平衡的问题，这主要表现为区域不平衡、城乡不平衡、物质文明和精神文明明显的不平衡。面对这些方面的不平衡，要防止"木桶效应"的出现，导致社会矛盾加深。

发展不充分的原因在于动力源存在问题，改革开放以来，中国经济发展模式主要是要素驱动，即资源、资本、劳动力等要素投入，经过 30 年的发展，这种模式已经产生了严重的不适应问题，初始条件变化很大，而且给资源环境带来极大压力。因此，科技发展能否成为驱动我国经济社会发展的主要动力源成为关注的焦点问题。

因此，科技发展驱动经济社会发展的模式就是创新驱动。这种模式旨在发挥科技创新的支撑引领作用，实现有质量、有效益、可持续的发展结果。在创新的模式下，人们从各个方面享受到科技带来的美好。

这一理念比较集中体现是在 2010 年上海世博会，当时的主题是"城市，让生活更美好"（better city，better life）。今天，十年前的美好前景变成了现实。大多数人可以利用各种打车软件、网约车软件出行，共享单车、共享雨伞等物品也不断推陈出新，这些数字技术让出行、生活变得更加方便。此外，司机利用导航软件，可以观看到路面的拥挤情况、路口的交通灯情况，开车变得更加容易。交通管理部门一屏观天下，掌握城市交通状况，等等。这些都离不开数字技术。此外，各种虚拟现实技术、数字艺术技术让人们的产品消费和艺术消费变得多样化。

随着今天各种生成人工智能、DeepSeek、豆包等大模型的出现，工作效率大大提高。也使得人们的生活变得更加容易、方便、快捷。

回顾上述，我们需要建立起增进人民福祉是科学技术发展的出发点和落脚点的观念。在增进的具体内容上，人民的获得感、幸福感和安全感是首要的。增进所要达成的目标是"更加充实、更有保障、更可持续"。

第二节　以人为本的科技实践

在当今科技发展中，"科技向善"与"以人为本"成为引导科技发展的重要因素，尤其是以人为本变得更加重要。

一、以人为本的宏观解释

有学者对"以人为本"的观念进行了历史性考察，指出欧洲在14—16世纪出现了人文主义思潮，涌现了很多文学家和艺术家。相比之下，中国古代的人文思潮出现得更早。"在中国古代的春秋战国时期（公元前8世纪—公元3世纪），是我国古代文化史上一个光辉灿烂的时代，一个产生文化巨人的时代。一大批文化名人，如管仲、孔丘、杨朱、墨翟、孟轲、老聃、庄周、荀卿、韩非等，应运而生了。而他们这些人，又是当时出现的一个波澜壮阔的社会思潮，以人为本的思想先驱或杰出代表。"① 确认这个以人为本思潮的存在价值对于增强古老的中华文化的凝聚力，有所裨益。在以人为本的科技实践中，大部分学者普遍是从政治角度解释这个观念，将人解释为民，所以以人为本表现为关注人民的利益。

习近平指出："要发挥网络传播互动、体验、分享的优势，听民意、惠民生、解民忧，凝聚社会共识。"② 以人为本的特征总结如下：

（一）以人为本与执政为民密不可分，是建立在政党—群众理论基础上的观念。在党的十八大报告中，"以人为本"和执政为民往往联系在一起。"坚持以人为本、执政为民，始终保持党同人民群众的血肉联系。"可以看出，这里的基本理论框架是建立在"政党—群众"的基础上，以人为本是检验党的一切执政活动的最高标准，把人民利益放在首位。

（二）"以人为本"是深入贯彻落实科学发展的核心立场。党的十八大报告指出，"要坚持以经济建设为中心，以科学发展为主题，全面推进经济建设、政治建设、文化建设、社会建设、生态文明建设，实现以人为本、全面协调可持续的科学发展"。以人为本是目标指向，是科学发展的内核。而五大建设是服务于以人为本、全面协调可持续的科学发展。党的十八届五中全会提出了创新、协调、绿色、开放、共享新发展理念。创新发展指向全国人民的总体发展。

---

① 乔长路：《一个值得民族自豪的伟大思潮》，《哲学研究》1989 年第 12 期。
② 习近平：《论科技自立自强》，中央文献出版社 2023 年版，第 170 页。

"新一轮科技革命带来的是更加激烈的科技竞争，如果科技创新搞不上去，发展动力就不可能实现转化，我们在全球经济竞争中就会处于下风。"① 我们共在一条科技之船上，只有处于竞争上游才能更好生活。协调发展是解决人民的不平衡问题。社会上收入差距大，会导致"木桶效应"更加明显，加深社会矛盾，不利于社会稳定。绿色发展考虑到人民生活的各个方面，"人民群众对清新空气、干净饮水、安全食品、优美环境的要求越来越强烈"② 。共享发展考虑的是解决公平正义问题。这是人民最关心的方面，只有这样才能充分调动人民发展的积极性、主动性和创造性，避免出现"富者累巨万，而贫者食糟糠"的情况。

（三）以人为本是指要贯彻保障人民健康，提高人民生活品质的方针。2020 年习近平在主持召开科学家座谈会并发表重要讲话时指出："希望广大科学家和科技工作者肩负起历史责任，坚持面向世界科技前沿、面向经济主战场、面向国家重大需求、面向人民生命健康，不断向科学技术广度和深度进军"③ 。保障人民生命健康，迫切需要强大的科技支撑；提高人民生活品质，也迫切需要强大的科技支撑。④

---

① 习近平：《论科技自立自强》，中央文献出版社 2023 年版，第 105 页。

② 同上书，第 106 页。

③ 同上书，第 239 页。

④ 任晓刚、张士运：《弘扬以人为本的科创精神》，全国哲学社会科学工作办公室网，2020 年 10 月 13 日。

二、以人为本的智能场景实现

习近平在《推动我国新一代人工智能健康发展》中指出，要加强人工智能在教育、医疗卫生、体育、住房、交通、助残养老、家政服务方面的深度应用，创新智能服务体系。[①]学术界正在探索如何形成医疗领域居家养老和幼儿看护等 3 个智能环境。

1. 医疗场景中的智能环境

华裔科学家李飞飞在对环境智能的研究中，看到了病人最宝贵的东西——尊严。"我学到的最深刻的一课是人类尊严的至高无上——这是任何数据集都无法解释的变量，也是任何算法都无法优化的。"她开始思考构建以人为中心的人工智能。2020 年李飞飞在《用环境智能照亮医疗保健的黑暗空间》一文指出，深度学习和无接触传感器已经产生环绕智能，这是一种对于人类在场极其敏感的物理空间，能够帮助我们理解比喻意义上'黑暗'的空间，理解未被观察到的健康护理空间。

a 是商业环绕传感器，主要是位于视觉传感器、听觉传感器和其他传感器；b 是被用于患者房间的传感器，能够捕捉对话和病人、看护人员和访客的物理动作；c 是能够被用于整个医院的传感器；上：来自深度传感器的数据；中：可移动活动、周期以及护工行为的算法预测；下：来自回顾性视频的人类标注的真实状况；d 是深度

---

① 习近平：《论科技自立自强》，中央文献出版社 2023 年版，第 214 页。

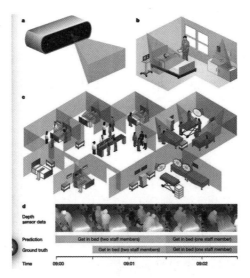

图 1 智能环绕医院环境

资料来源：Haque, A., Milstein, A. & Fei-Fei, L. "Illuminating the dark spaces of healthcare with ambient intelligence," *Nature,* Vol.585, Sept. 2020。

传感器数据。

在医院空间，环境智能早期应用使得护理工作更加流畅，提升病人的安全感。在李飞飞看来，如果人工智能要帮助人类，必须从人类自身开始思考。在对人工智能的认识中，她逐渐抵达了技术哲学的层面。比如，人工智能给人类社会带来好处的同时，也带来了新风险；智能技术转型到医疗应用必须克服一些挑战，如严格的临床诊断、合适的数据隐私以及模式透明。但在很多护理人员看来，这个智能环境是完全透明的，虽极富有监督性但是否会侵犯隐私成为他们的担忧。

2. *居家养老场景中的智能家庭系统*

2024 年世界达沃斯论坛发布的最新报告称，到 2050 年，全球

60 岁以上人口数量翻番至 21 亿，但是许多人的养老储蓄不足以支撑退休生活，资金缺口可能长达 8 年，甚至 20 年。① 为了确保长寿人口的生活品质，企业、政府、社会组织和公民个体必须采取积极行动应对老龄化社会的人口和状况。

为了应对这种变化，论坛制定了六项长寿原则：

（1）确保人生关键阶段的金融韧性；（2）为所有人提供公正的投资者教育；（3）优先重视健康老龄化，将其作为长寿经济的基础；（4）为跨代际的劳动者创造更优质的就业机会，提供终身技能培训；（5）设计有利于增进社会联系、实现社会目标的制度和环境；（6）积极解决长寿经济中的不平等问题，包括性别、种族和阶层问题。②

从科技发展角度讲，现在有很多科技是服务于老年人的，比如各种各样的老龄机、各种可穿戴电子设备。应用数字技术辅助临床实践可以通过为老年患者提供方便、持续的远程医疗服务来应对这些不断增长的需求，并有望改变老年护理的现状。可穿戴数字技术有望为医疗保健专业人员提供持续了解老年人健康状况的途径，并为有效的远程护理提供独特的机会。

《自然》（*Nature*）发表的一篇文章提出，未来以家庭为中心的老年护理将由数字技术和设备驱动。将连接互联网的传感器设备网络

---

① Longevity Economy Principles: The Foundation for a Financially Resilient Future，https://www.weforum.org/publications/longevity-economy-principles-the-foundation-for-a-financially-resilient-future/.

② Ibid.

安装在人体上，分布在家中各处，监测老年人的健康状况，并将丰富的动态数据传输到云端服务器。然后，机器通过算法对数据进行分析，以协调远程护理人员和自主可穿戴治疗设备，实现最佳的医疗保健。这种护理模式可以通过与医生的虚拟访问、私人助理的语音控制以及社交和辅助机器人来实现。[①]

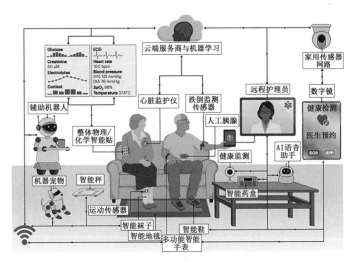

图2　用于老年健康护理的未来家庭场景

资料来源：Chen, C., Ding, S. & Wang, J. "Digital health for aging populations," *Nat Med*，Vol.29, July 2023。

这篇文章对未来老年看护家庭的场景做了设想，如图2所示：很多设备是数字技术驱动的。连接到身体上的传感器，分布在家庭中的传感器、监视器以及把丰富的动态数据传到云端服务器的设备。这些数据被深度学习算法分析后分享给远方的看护人，并且被智能

---

① Chen, C., Ding, S. & Wang, J. "Digital health for aging populations," *Nat Med*, Vol. 29, July 2023.

治疗装置进行相应诊断。这样的看护可以被虚拟访客如医生、语音控制的帮助人以及社交机器人利用。

从技术人员的角度看，将人工智能技术使用到了极致，能够以最快、最有效的方式为老年生活提供便利。但是从老年人的角度看，未必能够接受，这些传感器可能会将老人的隐私展示无遗。此外，从护理机器人的角度看，绝不仅是端茶送水，而是具有能够帮助老人行动的功能。从科技伦理角度看，不伤害是首要原则，这些护理机器人不得伤害老人恐怕是重要的。此外在看护中要符合人性化原则，给予的帮助不能是高人一等、带有优越感的，甚至是带有施舍色彩的。

3. 幼儿看护场景中的数字看护系统

对于很多早产婴幼儿来说，需要随时监测他们的身体指标体系。总体来说，看护技术正在从某一种单独技术到系统的转变。

就单独技术而言，科学界已经发明一种软体生物传感器贴片，可以贴在重症监护室（NICU）重症婴儿或儿童的皮肤上，全面监测生命体征和其他信息。这种设备可以检测当前的生理指标，也可以提供额外的健康信息，有助于及早发现并发症。[①]

随着智能时代的到来，为新生儿打造一个特殊的看护系统成为可能。出院后早产婴儿或各种特殊疾病婴儿进入家庭，需要得到家

---

① Chung, H. U., Rwei, A.Y., Hourlier-Fargette, A. et al., Skin-interfaced biosensors for advanced wireless physiological monitoring in neonatal and pediatric intensive-care units. *Natrue*,Vol. 26, March 2020.

人的看护，而且这一过渡对确保早产儿和特殊婴儿的持续医疗和健康至关重要。但是大部分家人是非医疗工作者，并不具备合格的看护证书和技能。然而一种适用于新生儿出院后的 AI 助手系统就可以起到作用，它能够把碎片化数据信息，通过手机端 App，整合到 AI-ML 数据分析平台上，进行评估、辅导、日程安排和咨询交流，为家长提供一个实时数据监测和虚拟管理的动态系统，帮助家属在出院后继续获得个性化且高质量服务支持。可以说，AI 助手系统的引入，为父母提供了更精准的信息，通过聊天机器人 GPT 畅通咨询和交流，帮助家长更好地理解和管理婴儿的医疗护理需求。

对于老年人来说，接受他人的护理时会碰到尤其敏感的自尊和隐私问题，而且他们的感受性极强和敏感。但是对于孩子来说，他们的自我意识尚未形成，没有形成成人的自尊意识。对于他们来说，安全原则更为重要，更渴望得到父母般地保护。

第三节　作为未来福祉形式的数字福祉

在数字时代，人民福祉的形式发生了一些变化。我们需要找到合适的阐述这个问题的概念，"数字福祉"就成为一个新概念。人类的深度数据化与数据的日渐智能化使得数字福祉成为人类福祉的一种新样态。这一新样态，从对数字福祉的合理认知打开更广的技术视角。有学者指出，数字福祉理论是对时代的一种回应，更是一种面向未来的哲学实践。① 我们要将这一概念推进，还需要扩展到生产和生活维度。

一、数字化生产与数字经济

我国数字经济发展存在的问题是"大而不强，快而不优"②。2021 年，习近平指出，要不断做强做优做大我国数字经济。这一要求指出了数字时代我国发展的三个方向。

首先，做强数字经济。数字经济的平台是网络，因此也意味着要做强数字经济就是指做网络强国。"信息化和经济全球化相互促进，互联网已经融入社会生活方方面面，深刻改变了人们的生产和生活方式。"③ 当前的现实是我国网民数量世界第一，我国已经成为人口意义上的网络大国。根据第 52 次《中国互联网发展状况统计报告》，截至 2023 年 6 月，中国网民人数达 10.79 亿，即时通信、网络视频、短视频用户规模分别达 10.47 亿人、10.44 亿人和 10.26 亿人。④ 建设网络强国要有技术、服务、基础设施、队伍以及国际合作。习近平指出："建设网络强国，要有自己的技术，有过硬的技术；要有丰富全面的信息服务，繁荣发展的网络文化；要有良好的信息基础设施，

① 闫宏秀：《数字福祉：数智时代的技术广角与哲学实践》，《山西大学学报》（哲学社会科学版）2023 年第 6 期。
② 习近平：《论科技自立自强》，中央文献出版社 2023 年版，第 280 页。
③ 同上书，第 54 页。
④ 《中国互联网发展状况统计报告》，中国互联网络信息中心网，2024 年 1 月 23 日。

形成实力雄厚的信息经济；要有高素质的网络安全和信息化人才队伍；要积极开展双边、多边的互联网国际交流合作。"①

其次，做优数字经济。党的十八大以来，党中央高度重视发展数字经济，将其上升为国家战略。党的十九届五中全会以来，出台了《网络强国战略实施纲要》《数字经济发展战略纲要》等重要文件；2023年3月1日中共中央、国务院印发《数字中国建设整体布局规划》，《规划》提出，到2025年，数字中国建设要取得重要进展。到2035年，数字化发展水平要进入世界前列。如何做到这一点？习近平提出：加强关键核心技术攻关，加快新型基础设施建设，推动数字经济和实体经济融合发展，推动重点领域数字产业发展，规范数字经济发展，完善数字经济治理体系以及积极参与数字经济国际合作。②

最后，做大数字经济。做大意味着全覆盖，在产业领域，做到数字化覆盖多个场景，如推动"制造业、服务业、农业"等产业数字化，发挥数字技术对于经济发展的放大、叠加和倍增作用；加强AI在教育、医疗卫生、体育、住房、交通、助残养老、家政服务员等领域的深度应用，将智能服务体系覆盖多个场景。

二、智能化管理与智能社会

从政府管理角度看，要利用好智能化管理方式。主要表现在：

---

① 习近平：《论科技自立自强》，中央文献出版社2023年版，第55页。
② 同上书，第281—283页。

1. 善于利用智能技术进行决策

习近平指出："加强人工智能同社会治理的结合，开发适用于政府服务和决策的人工智能系统，加强政务信息资源整合和公共需求精准预测，推进智慧城市建设，促进人工智能在公共安全领域的深度应用，加强生态领域人工智能运用，运用人工智能提高公共服务和社会治理水平。"[①] 2025 年伊始，各级政府开始接入 DeepSeek 就是典型的表现。这显示了政府提升智能化政府治理水平的决心。

2. 运用人工智能提高公共服务和社会治理水平

运用 AI 手段进行公共服务和社会治理的好处是可以提升服务的效率，提升治理水平。交通部门可以通过导航系统进行城市道路信息显示，在很大程度上使城市交通变得更加顺畅。政府部门还可以通过各种智能数据库来为研究人员提供更加便利的研究平台。比如中国科学技术协会最近开放的智库成果搜索平台，提供科技服务社会的咨询建议和报告，大大方便了相关科研人员搜索相应的智库成果。

3. 加强智能技术的法律、伦理和社会问题研究

建立健全保障人工智能健康发展的法律法规、制度体系、伦理道德。要对发明者、使用者等活动主体的行为分别作出限制，法律法规、制度体系和伦理观念就成为重要的依靠。

4. 数字化生活与智能社会

美国学者尼古拉斯·尼葛洛庞蒂曾提出"数字化生存"作为描

---

① 习近平：《论科技自立自强》，中央文献出版社 2023 年版，第 214 页。

述人类生存未来图景的概念。经过了近 30 年的发展，全世界人们的生活形式都在发生从数字化生存到数字化生活的变化。因此，需要对数字化生存和数字化生活的关系做一个基本的阐述。

其一，从数字化生存到数字化生活是技术现实应用对实验室探索的扬弃。数字化生存概念提出的技术基础主要是处于实验室阶段的计算机发明和实验。20 世纪 90 年代，MIT 媒体实验室的主要负责人尼葛洛庞蒂从一些计算机应用出发，运用未来学的方法，对人类未来进行了一种预测式推断。结论就是人类即将进入数字化生存。今天数字化生活的基础已然是成熟的企业应用。从智能产品角度看，电冰箱、电磁炉等都是智能产品，还有娱乐用品如小艾音响、智能手机、iPad 等更是环绕于此。这是进行式的智能产品情况。还有未来式的智能产品，如智能窗帘、智能布料等都可能投入生产和运用。我们的生活不仅是在线式的，而且是由智能硬件构成的一套系统。于是我们看到日常生活也表现出深度智能化的趋势。所以说数字化生活不仅仅是我们的在线生活模式，那是一个生活与活动空间的大挪移，从现实世界进入到虚拟世界。接下来数字化生活是智能以隐匿方式嵌入现实生活，并相互融为一体，将我们的现实世界重新改造成一种新的现实：自然物理现实世界开始转移到技术虚拟智能物理世界。一般理工科学者提到的物联网只是对于技术物理世界的表述，但是人类生活的架构发生的变化远远不是这么简单：由单维的维度无限延伸，而是两者产生了深度的交融。所以出现自然与技术的边界消融、虚拟与现实的边界消融的两大特征。这就是我们生活发生的极大变化。

其二，从数字化生存到数字化生活是技术实践对技术想象的扬弃。很显然，在 20 世纪 80 年代，尼葛洛庞蒂"数字化生存"是一种基于技术想象对人类未来生存境遇的数字化描述，从信息技术角度对于人类未来进行了推断式的展望和想象。但是今天的数字化生活是一种从技术想象进入技术现实的发展结果，也表现出超乎预期的问题。经过 20 多年的反思，尼葛洛庞蒂也意识到数字化在生活中出现一些问题，如民族主义、网络管制、数字鸿沟等。相比之下，数字化生活则是基于技术实践对人类当下生活方式的数字化重构。在线经济、产业数字化、一网统管、一网通办、在线学术等，人们生活的各个方面、各个场景都借助网络技术、数字技术、大数据和人工智能技术逐步实现了数字的迅速化、可视化。

其三，从数字化生存到数字化生活是现实生活对未来畅想的扬弃。在今天数字化生存不再是指向人类未来的畅想，而是切切实实发生着的事情。我们在线购物、在线支付、虚拟世界、随时随地在线召开学术会议。那种端着热气腾腾的咖啡学习的美好想象已然变成现实生活。尼葛洛庞蒂一直认为互联网能够带来一个和谐的世界，然而后来他把这一观点看成一生最大的误判。网络黑客、电信网络诈骗、侵犯公民隐私等网络违法犯罪活动层出不穷；信息鸿沟、信息茧房、智能幻觉等技术错误很难避免。这些都成了美好生活的障碍。

如今，数字化的确带来速度和便捷，在数字化生活和智能社会建设中也展现出巨大的力量。然而，基于技术想象与理论创想，数字化生存未必带来和谐世界，数字鸿沟、技术拒绝以及数据伦理等成为打造数字化生活必须应对和破解的理论难题。这些问题的被解决将极大地推动数字化实践。

可以看出，数字福祉是数字化时代科学技术的最终指向，智能科技做到保障和改善民生，相应的保障体系——如知识产权也要关系人民生活幸福。数字福祉不仅要指向人民生活的福祉，还要把更多元的主体福祉考虑在内，包括人的、非人的。对于人而言，借助数字技术、智能技术，保障与健康、安全、舒适、幸福相关的福祉；对于非人而言，让数字技术服务于企业发展、服务于社会治理。

2024 年达沃斯冬季论坛提出"劳动力福祉"的概念，可以看作是对人类福祉内涵的扩充。[①] 正在经历剧变的全球制造业，劳动力成了新的战略重点。劳动力福祉指向了很具体的内容，如改善工人的福利，保障他们的工作安全，让更多求职者能找到工作，利用智能技术减少重复劳动也要保障他们的职业安全、福利和成就感，让他们有接受再教育以及进行终身学习的机会。黄奇帆提出，新质生产力由新制造、新服务和新业态三个"新"构成。[②] 新制造实质上强调了制造业，它使劳动力福祉这个概念变得有效。

---

① Why advanced manufacturing must always nurture skilled people, 2023-12-19.

② 黄奇帆:《新质生产力是未来中国发展的新增长极》，百家号网，2024 年 1 月 8 日。

第六章　科学精神与科技强国战略

　　建设科技强国，离不开一代代科学家的艰苦奋斗，离不开创新精神的坚实支撑。习近平指出："要极大调动和充分尊重广大科技人员的创造精神，激励他们争当创新的推动者和实践者，使谋划创新、推动创新、落实创新成为自觉行动。"① 科学精神贯穿在科学探索实践和科学体系建设的全过程中，经过不断总结、积累和反思而凝结在人类认识世界和改造世界的每一个行动中。科学精神将科学知识、思想与方法有机地融合在一起，以创新、求实、批判、自由、开放等多元化的表现形式，深深地烙印在科学家的思想和行动中，从而在科学成果中得以充分展现。此外，科学精神局限于科学领域，还渗透在社会的各个方面。

　　回顾我国和西方科学史发展可以认识到，追求真理、实事求是、开放和自由的科学精神是科学进步必不可少的精神动力。本章从马

---

　　①　习近平：《论科技自立自强》，中央文献出版社 2023 年版，第 159 页。

克思主义丰富而多维的科学精神出发，着重探讨追求真理与崇尚开放自由的科学精神如何推动科技发展这一议题。通过分析揭示科学精神的真正价值，从历史照进现实，从而向着建设世界科技强国的伟大目标不断前进。

第一节　马克思主义视野中的科学精神

科学精神始终在马克思主义的视野之中。马克思、恩格斯将科学视为人的本质力量和社会变革力量，赋予其重要意义，他们所论述的理想科学在当代社会仍具有现实意义，也进一步揭示了科学精神的内涵，包括辩证与批判精神、爱人民与奉献精神、创新精神、宽容失败精神、实事求是精神和治学求真精神等，在新的历史时期结合新的科学实践经验绽放出新的光彩。以钱学森和钱三强两位科学家为例，可以看出他们的科学理念和实践无不体现出对马克思科学精神的深刻践行，不仅激励后辈科学家以之为楷模而不懈奋斗，也为我国科技强国的目标实现贡献了宝贵的智慧和力量。

一、马克思的科学概念

恩格斯在《在马克思墓前的讲话》中揭示了马克思作为科学家和革命家的双重身份。马克思将科学视为人的本质力量，赋予科学以重要地位，认为科学是"一种在历史上起推动作用的、革命的力量"①，进而，作为感性抽象形式存在的科学经由工业而变得理性而具体了，将内隐于人的本质力量公开地展示出来，自然科学得以"通过工业日益在实践上进入人的生活，改造人的生活，并为人的解放作准备"②，具有实践性和历史性；同时，马克思认为科学是一种间接的生产力，通过机器转化为直接的生产力，推动社会的发展历史的前进。19世纪第二次科技革命充分反映了科学作为生产力的力量，"资产阶级在它的不到一百年的阶级统治中所创造的生产力，比过去一切世代创造的全部生产力还要多，还要大。自然力的征服，机器的采用，化学在工业和农业中的应用，轮船的行驶，铁路的通行，电报的使用，整个大陆的开垦，河川的通航，仿佛用法术从地下呼唤出来的大量人口——过去哪一个世纪料想到在社会劳动里蕴藏有这样的生产力呢？"③

始于18世纪60年代的第一次工业革命，促使机器大工业取代工场手工业的生产方式，人类进入"蒸汽时代"；19世纪中期通过电力实现大规模生产，人类进入"电气时代"；20世纪中叶开始，科学理论出现重大突破，原子能技术、电子计算机技术、空间技术和生物工程等技术的相继出现和应用，促使人类进入"信息时代"。伴随着物联网、大数据和机器智能的发展，我们现在

---

① 《马克思恩格斯文集》第3卷，人民出版社2009年版，第602页。

② 《马克思恩格斯文集》第1卷，人民出版社2009年版，第193页。

③ 《马克思恩格斯文集》第2卷，人民出版社2009年版，第36页。

身处新的"智能时代"。这正是科学作为生产力不断变革的历史写照。

马克思也强调，虽然工业是人本质力量得以彰显的桥梁，但却是以异化的形式。19世纪工业的快速发展，以机器代替人力大大提升了生产效率，改造了人的生产方式和生活方式，改变了生产关系，也引发了工人阶级的贫困与过度劳累，"结果是使物质力量成为有智慧的生命，而人的生命则化为愚钝的物质力量"①。这意味着，在人类生产实践过程中，科学技术通过转化为日益控制自然界的物质力量，作为资本主义统治和剥削手段，愈发限定人的活动范围、社会关系和精神追求，桎梏人的自由解放的进程，阻碍人的全面发展，促使科学与人文相分离，造成人的片面性与无思性的异化生存状态，使人逐渐变成封闭的单向度的人。

什么是马克思心目中理想的科学呢？他在《法兰西内战》中道出三点，一是人人可以平等获得，二是不受国家、政府的控制和压迫，三是不受阶级偏见的影响。②在《德意志意识形态》中，他认为科学是区别于脱离现实的形而上思辨的，而是在历史中的现实存在，是"真正的实证科学"和"真正的知识"③。他在《关于费尔巴哈的提纲》中指出："全部社会生活在本质上是实践的。凡是把理论引向神秘主义的神秘东西，都能在人的实践中以及对这种实践的理解中

---

① 《马克思恩格斯文集》第2卷，人民出版社2009年版，第579页。
② 《马克思恩格斯文集》第3卷，人民出版社2009年版，第155页。
③ 《马克思恩格斯文集》第1卷，人民出版社2009年版，第526页。

得到合理的解决。"① 从而反映出马克思眼中的真正的知识或理想的科学是关乎实践的、历史的、批判的知识，从而具有了指导行动的革命性，科学家借此改变世界。恩格斯补充道："科学越是毫无顾忌和大公无私，它就越符合工人的利益和愿望。"② 综上，马克思的理想科学有以下特点：平等性、无偏见性、无私利性、自由性、历史性、实践性、批判性和革命性。

二、马克思主义视野中的科学精神

马克思主义视野中的科学概念和关于理想科学的特征的论述蕴含着科学精神。在马克思逝世后一百多年的社会发展中，科学精神的内涵不断完善，并形成立足于唯物辩证法和物质实践的马克思主义科学精神，具有现实指向性，主要包括辩证与批判精神、爱人民与奉献精神、创新精神、宽容失败精神、实事求是精神和治学求真精神这几个类型。

其一，辩证与批判精神，体现在批判继承前人理论经验，自我批判和揭示事物发展的实质三个方面。首先体现在马克思敢于质疑权威，批判继承前人的理论经验方面。如对黑格尔（G. W. Hegel）的唯心主义的批判，反对以理念而非实践或物质来考察世界，同时继承和发展了其辩证法思想和异化思想，将黑格尔的哲学概念从

---

① 《马克思恩格斯文集》第 1 卷，人民出版社 2009 年版，第 501 页。
② 同上书，第 313 页。

对世界的解释引入到对世界被建立起来的实际需要中。① 此外也体现在诸如对路德维希·费尔巴哈（Ludwig Feuerbach）的人的本质的观点进行重构上，以及对约翰·洛克 (John Locke）的财产权理论、对亚当·斯密（Adam Smith）的生产劳动理论、对大卫·李嘉图（David Ricardo）的经济学说的批判与继承上。其次是对自我的批判方面。马克思认为自我批判性是批判者不可缺少的品格之一，表示"不想教条式地预料未来，而只是希望在批判旧世界中发现新世界"②，从而反对将他的理论绝对化和教条化。最后体现在对事物发展规律的揭示上，马克思认为"在对现存事物的肯定的理解中同时包含对现存事物的否定的理解，即对现存事物的必然灭亡的理解；辩证法对每一种既成的形式都是从不断的运动中，因而也是从它的暂时性方面去理解；辩证法不崇拜任何东西，按其本质来说，它是批判的和革命的"③。强调现实中不存在永恒不变的事物，而是处于不断运动发展的历史过程中，是螺旋上升的否定之否定过程。

其二，爱人民与奉献精神，体现在立志、践行和自我评价三个方面。首先是立志，马克思在少年时期就立志要选择为人类服务的职业并致力于做一名高尚的人，他在作文中这样写道："一个人只有选择为人类服务的职业，只有为人类最大多数人的幸福而工作，才

---

① Amy E. Wendling. *Karl Marx on Technology and Alienation*. Hampshire: Palgrave Macmillan, 2009，p.24.

② 《马克思恩格斯全集》第 1 卷，人民出版社 1956 年版，第 416 页。

③ 《马克思恩格斯文集》第 5 卷，人民出版社 2009 年版，第 22 页。

是高尚的人，才能得到真正的幸福。"① 其次是践行，马克思积极致力于学术与革命，面对反对者的迫害污蔑、威逼利诱，始终保持坚定的信念和清醒的头脑，坚持致力于革命事业和理论研究中。最后是自我评价，他几乎将自己的财产都献给了学术与革命事业，甘于清贫，淡泊名利。他表示，"我已经把我全部财产献给了革命斗争。我对此一点不感到懊悔。相反的，要是我重新开始生命的历程，我仍然会这样做"②。马克斯·韦伯（Max Weber）认为，"在科学的领域，只有那些全心全意地为事业服务的人，才具有'人格'"③。纵观马克思从立志到践行到自我的评价，正是践行了全心全意、无私奉献、不求回报的科学精神。

其三，创新精神，是马克思主义理论的精髓，是彰显其力量的重要部分。首先体现在马克思对过去权威理论的批判，如祛除黑格尔哲学中的唯心主义因素，保留其辩证法思想，汲取古典政治经济学中资本主义生产关系、劳动价值关系的合理成分，摒弃其资产阶级立场，从而一步步破除了对旧有权威的迷信，批判阻碍人类进一步发展的旧秩序和旧事物。其次体现在马克思、恩格斯等人对旧理论、旧秩序的超越上，破旧的同时有效立新。如马克思汲取了黑格尔的辩证法思想和费尔巴哈的唯物主义内核，创立了唯物辩证法，

---

① 《马克思恩格斯全集》第 40 卷，人民出版社 1982 年版，第 5—7 页。
② 《马克思恩格斯全集》第 31 卷，人民出版社 1972 年版，第 521 页。
③ 李猛编：《科学作为天职：韦伯与我们时代的命运》，生活·读书·新知三联书店 2018 年版，第 16 页。

从而避免陷入唯心主义、神秘主义泥淖。马克思继承了英国古典政治经济学的成果，尤其是亚当·斯密和李嘉图的劳动价值学说，在重构的基础上建立了剩余价值学说，揭示出资本主义剥削的本质。马克思创立了科学社会主义，结合其哲学和政治经济学思想，基于物质实践逻辑，超越了空想社会主义。最后体现在马克思不断探索新领域，勇于尝试和钻研。恩格斯表示："在他所研究的每一个领域，甚至是数学领域，都有独到的发现，这样的领域是很多的，而且其中任何一个领域他都不是浅尝辄止。"[①]

其四，宽容失败精神。纵观科学史，哥白尼日心说体系代替托勒密地心说体系，牛顿经典力学的理论遇到现象难题而过渡到爱因斯坦广义相对论新范式，表明科学发现与科学知识并非绝对正确，而是要不断经历实践的检验，从真理到谬误再到新的真理一路走来。托马斯·库恩（Thomas Kuhn）基于科学史总结出科学发展的模式，即从没有范式指导的前科学阶段抵达变为学科共识的常规科学阶段，反常的出现最初激励科学家去研究和不断完善范式，但越来越多范式无法解释的反常现象的爆发引发了科学危机，导致新旧范式交替的科学革命，继而形成新的常态科学，迎接新的反常。在这一过程中显然会经历大大小小无数次的失败，需要宽容的精神科学才能继续发展。科学的宽容失败精神符合马克思辩证法思想。世界是不断发展的，没有绝对的真理与谬误之分，事物在否定之否定规律中呈

---

① 《马克思恩格斯文集》第 3 卷，人民出版社 2009 年版，第 601 页。

现螺旋式上升和波浪式前进的发展规律，包容失败正是否定中包含着肯定的体现。马克思批判资本主义剥削和异化本质，却也肯定其历史意义，"资产阶级在它的不到一百年的阶级统治中所创造的生产力，比过去一切世代创造的全部生产力还要多，还要大"①。科学的宽容失败精神符合马克思的真理观思想。一是客观真理需要以实践为准，而实践本身是不断变化发展的，所以客观真理也不是一成不变的。二是绝对真理和相对真理是辩证统一的关系。一定历史背景、社会条件下的人们对客观事物的认识是有限的，人类的认识发展是从相对真理向绝对真理逼近的过程。科学的失败和成功在长期来看并无绝对的边界，宽容失败精神有利于营造一个较自由宽松的科研环境，推动创新发展。

其五，实事求是精神。研究的问题为真，是基于实际生活和生产实践的。马克思主义强调科学研究对象是客观事物，科学问题也应当是对客观事物提出的真问题，反对唯心主义的科学观。研究的过程要本着求实的态度。马克思认为培根（Francis Bacon）是现代实验科学的真正始祖，就是因为他将理性的实验方法引入科学研究。马克思在研究过程中遵循实验的谨慎原则，大量搜集材料，重视第一手材料，严格考究材料真实性，审慎得出结论。毛泽东面对党内教条主义和主观主义倾向时，曾将实事求是视作最重要的科学精神加以倡导，他阐释道："这种态度，就是实事求是的态度。'实事'

---

① 《马克思恩格斯文集》第 2 卷，人民出版社 2009 年版，第 36 页。

就是客观存在着的一切事物，'是'就是客观事物的内部联系，即规律性，'求'就是我们去研究。"① 这与马克思的观念相一致。

其六，治学求真精神。一方面体现在科学家刻苦钻研与严谨治学上。马克思在治学方面，一是重视资料搜集和运用，表现出高度的专注度和批判性。他尽可能穷尽可搜集的材料并加以阅读和整理，在撰写《资本论》时，他"读过和做过摘记的书稿有 1600 种以上，写的笔记本有 100 多本"②。但在使用时并不照搬，而是结合自己的观点和论证需要来加以运用，论据充分、逻辑严谨。其在为《莱茵报》撰稿时，就以文笔犀利且逻辑严密而闻名。二是笔耕不辍，著作等身。其中与恩格斯合著的《马克思恩格斯全集》国际版就有 160 多卷。这也源自他甘坐"冷板凳"的毅力。三是自我批判，精益求精。马克思认为科学成果是基于一定的社会历史背景，受到学者本人或共同体认知的有限性限制，从而需要不断加以精进和完善，需要在不同的历史时期和社会背景中，在实践发展中加以修正。另一方面，不只是为了满足好奇心或者著书立说的学术理想，也是为了更好地投身和指导实践。马克思是一位学者，同时也是一位革命家，他的笔不仅创立了学术理论，更成为无产阶级革命事业的斗争武器。

科学精神形成于历史性的科学实践活动中，并通过反思和凝

---

① 《毛泽东选集》第 3 卷，人民出版社 1991 年版，第 801 页。

② 刘宗洪：《马克思的治学精神催生理论创新重任》，《重庆社会科学》2016 年第 7 期。

练不断完善。罗伯特·默顿（Robert K. Merton）认为，科学并非孤立于社会的存在，而是与社会的经济、政治、文化和宗教紧密相连，并对社会产生越来越重要的影响。在历史发展与科学家的道德共识中，科学逐渐形成了自身的精神特质，包括"普遍主义、公有性、无私利性以及有组织的怀疑态度"①，这些特质构成了科学研究的规范性结构。其中，普遍主义指的是科学是客观的、无偏见的、无国界的，评价体系不受到个体或科学共同体的身份地位、国籍、宗教信仰、道德品质的影响，并且科学是平等开放给所有有能力的人的；公有性指的是科学研究发现和成果是社会协作的产物，是在旧有科学发现和成果的基础上才得以形成，因而并非个人财产，是归全社会、全人类所公有的，发现者无权独占和处置；无私利性强调科学家从事科学并不是为了个人私利，而是为了满足对知识、真理的求知欲，为了全人类共同利益。但科学家并不比大众有更高的道德水平，因此需要"通过科学家对其同行的最终负责"②来将无私利性作为一种规范加以实施；有组织的怀疑态度表明，科学家应当对科学知识和权威保持批判和怀疑态度与辩证思维，既不轻信盲从，也不故步自封，但也不能一味怀疑，而是遵循科学研究的准则。这些特质不仅定义了科学研究的规范，而且也是科学发展的基石。沿着科学精神研究的谱系一路挖掘，还有许多学者深耕的

---

① ［美］默顿：《科学社会学：理论与经验研究》（上），鲁旭东、林聚任译，商务印书馆 2003 年版，第 365 页。

② 同上书，第 374 页。

身影，这些研究不仅丰富和扩展了马克思主义科学精神的内涵和外延，也推动了科学自身的进步，并对我国科学技术的进步产生深远影响。

三、马克思主义科学精神对中国的影响

2019 年 5 月，党中央发布《关于进一步弘扬科学家精神加强作风和学风建设的意见》，其中明确并阐释了六种科学家精神内涵，包括爱国精神、创新精神、求实精神、奉献精神、协同精神和育人精神。这些精神与马克思主义科学精神一脉相承，为新时代我国科学精神的培育提供了典范，是塑造中国精神与时代精神的重要来源，对我国科学技术的进步具有深远影响。我国科学家在科研实践中发扬这些精神，并取得显著的科研成就。

钱学森是我国航天事业奠基人、国家杰出贡献科学家和两弹一星功勋奖章获得者。他在青年时期就开始深入研读马克思主义著作，并在此后的科研和生活实践中以辩证唯物主义为指导，将理论与实践相结合，致力于推动我国科技水平取得重大突破的科学实践中。钱学森的科研生涯充满了实事求是、辩证与批判、爱国和勇于创新的精神。他在力学、载人航天、工程控制论和系统科学等领域的多项研究，都体现了他对科学规律深刻的理解和应用。他曾多次对自己的学生讲，他在科学上的成就部分归功于对马克思主义理论的学习。樊蔚勋回忆道，钱学森回国后除了做力学主题讲座，还做马克思主义主题讲座，认为马克思主义深刻地体现在科学的本质中。

"科学家要善于从马克思主义的观点，找出科学的规律。"① 在 1994 年成为中国工程院院士时，钱学森提出，科学研究不应仅仅局限于实验室中的实验和数据分析，他提出"用马克思主义哲学来指导科学研究"② 的建议，进一步体现了他对马克思主义科学精神的坚持和实践。

钱三强是中国原子能科学事业的创始人和两弹一星功勋奖章获得者。他的科学生涯不仅是对科学研究的不懈探索，也是对马克思主义科学精神的践行。1946 年，年仅 33 岁的钱三强在法国科学院《通报》发布铀核三分裂变的研究成果引发了国际物理界的轰动，次年他被法国科学研究中心晋升为研究导师。面对令人艳羡的待遇和职业前景，他选择了一条与众不同的道路，即跟随初心，回归祖国，积极投身新中国科技建设。他曾表示："虽然科学没有国界，科学家却是有祖国的。祖国再穷，是自己的；而且正因她贫穷落后，更需要我们去努力改变她的面貌。"③ 这正是他的爱国情怀和作为科学家的社会责任的体现。他强调创新、知人善任和无私奉献，他带领团队克服重重困难，成功研制出原子弹和氢弹，为我国国防安全提供了坚强的科技支撑。在马克思主义研究方面，他不仅认真研读马克思著作与毛泽东思想，而且在实际工作中运用辩证唯物主义的原理，

---

① 叶永烈：《走近钱学森》，四川人民出版社 2016 年版，第 238—243 页。

② 姜璐编著：《钱学森论系统科学》（讲话篇），科学出版社 2011 年版，第 142—146 页。

③ 罗荣兴主编、科学时报社编：《请历史记住他们 中国科学家与"两弹一星"》，暨南大学出版社 1999 年版，第 52 页。

对科研中的红与专、理论与实践、民主与集中等关系问题提出了深刻的见解。1977 年，在钱三强等人的推动下，"中国自然辩证法研究会"得以成立，这一事件标志着他对科学哲学研究的重视和对科学方法论的深刻理解。1979 年，在第一次全国"科学学"讨论会上，他认为科学学工作者要"从哲学上对科学学做些基本理论研究工作，要搞马克思主义的科学学，这样我们的科学学就能兴旺发达，不断为四化做出贡献"[①]。

这两位科学家的科学和哲学实践，对于我们今天坚持走中国特色自主创新道路，发挥科技进步和创新的重大作用，提供了宝贵的经验。他们的精神激励着我国一代又一代的科学家，为建成科技强国贡献着自己的智慧和力量。

第二节 追求真理与科技强国

在人类的知识探索历程中，对真理的追求始终是最核心的动力。真理通常被定义为与事实或现实相符合的信念、陈述或理论。在哲学领域，不同哲学流派有不同的理解和解释。在科学领域，真理往往被认为是通过科学方法得到的、能够被实验和观察所证实的知识。罗伯特·所罗门（Robert C. Solomon）认为，科学知识的真理性主

---

① 钱三强：《徜徉原子空间》，百花文艺出版社 1999 年版，第 89 页。

要体现在两个维度，一是科学能够较成功地预测自然现象，促使我们发明工具，推动技术的发展，按照人类意愿改造自然；二是科学能够为实践所检验，能够诚实地面对自身，即不断以更有解释力的理论取代之前的理论而得以发展。① 正是对真理的不懈追求，推动了人类的精神文明和物质文明的发展。实事求是的科学精神是在科学探索和人类认识、改造世界的实践中凝结在人类意识和行为中的精神面貌，是凝练出的精神内核。

习近平指出，坚持真理的基本原理的内涵是"坚持和运用马克思主义关于世界的物质性及其发展规律，关于人类社会发展的自然性、历史性及其相关规律，关于人的解放和自由全面发展的规律，关于认识的本质及其发展规律等原理，坚持和运用马克思主义的实践观、群众观、阶级观、发展观、矛盾观"②。2021 年 5 月 28 日，习近平总书记在中国科学院第二十次院士大会、中国工程院第十五次院士大会上强调："希望广大院士做追求真理、勇攀高峰的表率。科学以探究真理、发现新知为使命。"③ 国家最高科学技术奖获得者钱七虎曾说，科学家精神的核心是追求真理和献身科学，这种精神是在长期的实践中形成的。科学家们不为名利所动，不计个人得失，

---

① ［美］罗伯特·所罗门：《大问题　简明哲学导论》，张卜天译，广西师范大学出版社 2004 年版，第 184 页。

② 习近平：《在纪念马克思诞辰 200 周年大会上的讲话》，人民出版社 2018 年版，第 25 页。

③ 习近平：《在中国科学院第二十次院士大会、中国工程院第十五次院士大会、中国科协第十次全国代表大会上的讲话》，中国政府网，2021 年 5 月 28 日。

甚至愿为追求真理付出生命的代价。[①] 这种精神对于推动科技进步和建设科技强国具有重要意义。由此可见，这一精神贯穿在我国科学发展的历史进程中，在我国的科学家群体中得到深入体现，也是我国科技强国战略的题中应有之义。

一、探索真理与科学进步

对真理的探索一直是人类进步的核心驱动力。在不同历史背景和语境下，真理的内涵有所不同。古希腊哲学家亚里士多德（Aristotle）将真理定义为与事实相符合的观念，[②] 他认为："凡以不是为是，是为不是者，这就是假。凡以是为是，以假为假，这就是真。"[③] 从而奠定了真理概念的符合论基础。然而，伽达默尔（Hans-George Gadamer）从诠释学角度对真理进行了重构，他认为真理是有条件的、有限的，是人类理解世界的一种表现形式，具有主体性和历史性，是"读者自身个性化生存处境的、内含应用性和指向性特征的知识"[④]，从而受到理解者所处的具体情境、历史文化背景和理解方式等要素的限制，表明真理不是绝对的，而是在特定的理论

---

① 钱七虎：《科学家精神的核心是追求真理和献身科学》，《中国科技奖励》2021年第2期。

② ［古希腊］亚里士多德：《形而上学》，吴寿彭译，商务印书馆1959年版，第33页。

③ 同上书，第46页。

④ 彭启福：《真理观建构的两种不同路向——诠释学真理与科学真理关系新议》，《学术界》2004年第3期。

框架、历史背景或实验范式中被建构和接受的。

马克思从物质实践的角度对真理进行探讨，他认为没有永恒的、绝对的、静态的真理存在，认为真理是在物质实践中不断显现和发展的。他批判了所谓"不言而喻的真理"①，认为这种"真理"是脱离群众的，是唯心主义的，是脱离物质实践的。他提出真理的判断标准是经得住实践检验，他指出，"人的思维是否具有客观的真理性，这不是一个理论的问题，而是一个实践的问题"②，以及"全部社会生活在本质上是实践的"③。同时，马克思揭示了真理发展的矛盾运动规律。他指出："人类理性只能发现真理。但是直到现在它所发现的真理是不完备的不充足的，因而是矛盾的。"④从而从历史唯物主义视角揭示了真理是绝对性与相对性的辩证统一，是需要不断寻求的，我们只能不断接近真理而不能达到终极真理。

科学发展史就是一部在追寻真理的精神指引下不断探索、重新建构、重新理解真理的历史。科学史上对人类认识有三次"打击"，第一次是尼古拉·哥白尼（Mikołaj Kopernik）的日心说的发表和被作为科学真理接纳，让人类从宇宙中心跌落，认识到地球只是围绕太阳公转的众多行星之一；第二次是查尔斯·达尔文（Charles Darwin）的进化论，让人类对自身存在的独特性产生质疑，人仅是

---

① 《马克思恩格斯文集》第1卷，人民出版社2009年版，第285页。
② 同上书，第500页。
③ 同上书，第501页。
④ 同上书，第609页。

动物界众多物种之一，进化是自然选择的结果；第三次是西格蒙德·弗洛伊德（Lucian Freud）的精神分析学说，表明由于潜意识的存在，人并不能正确认识自己。每一次科学理论的发展都是对前人的质疑和超越，这一过程体现了真理的发展过程。正如库恩所言，科学革命是一场接力赛，每一次科学理论的变革都不是终结，而是新的开始。

在这个过程中，科学不仅仅追求理论上的真理，更是服务于人类实践的工具。随着实验科学的兴起，新的科学进步不再是过去重理论轻实践的科学，而趋向于更贴近和方便人类生活，更提升日常效率。培根也从实用性角度主张科学的目的在于增进人类福祉，避免科学成为空洞的论证和语言游戏。正如伯纳德·科恩（Bernard Cohen）所言，"新科学的一个革命性的特点是增加了一个实用的目的，即通过科学改善当时的日常生活。寻求科学真理的一个真正目的必然对人类的物质生活条件起作用。这种信念在 16 世纪和 17 世纪一直在发展，以后越来越强烈而广泛地传播，构成新科学本身及其特点"①。

二、追求真理与我国科学发展

我国自古就有追求真理、实事求是的传统。在东汉时期，班固在《汉书·河间献王刘德传》中记载了西汉时期景帝之子河间献王

---

① ［美］I. 伯纳德·科恩：《牛顿革命》，颜锋等译，江西教育出版社 1999 年版，第 5 页。

刘德的事迹。刘德爱好收藏书籍，在考证古籍书册时，他遵循所言皆有所依据的严谨的治学态度。班固称刘德为"修学好古，实事求是"①的典范。明清以降，在学术界延续了这种治学方法和态度，逐步形成了实事求是、无证不信的考据学治学方法。到了近代，孙中山亦强调追求事实本身的重要性，他曾指出："宇宙间的道理，都是先有事实然后才发生言论，并不是先有言论然后才发生事实。"②在这一传统影响下，追求真理从古代的治学经验方法，逐渐在近代上升至价值观层面，随着马克思主义的传入，进一步走向方法论层面，发展为指导我国革命的重要实践精神之一，并在我国科技发展中作为一种不可或缺的精神力量绽放光彩。

实事求是的科学精神首先体现在我国学者对科学精神的概念阐释的变迁上。教育家竺可桢认为，近代科学的目标在于探索真理，并将此视为科学精神的核心，他提倡"只问是非，不计利害"③的探索真理的方法：所谓不计利害，是不以个人私利为科学研究的目的，是不以权威为科学研究的标准，是具有批判和挑战权威的精神，是为真理而献身的精神。作为中国近代科学的奠基人之一的任鸿隽认为科学精神就是求真理，他解释道："科学家之所知者，以事实为基，以试验为稽，以推用为表，以证验为决，而无所容心于已成之教，前人之言。又不特无容心已也，苟已成之教，前人之言，有

---

① 班固：《汉书》，中华书局1965年版，第2410—2411页。
② 《孙中山选集》，人民出版社1981年版，第708页。
③ 竺可桢：《看风云舒卷》，百花文艺出版社1998年版，第140页。

与吾所见之真理相背者，则虽艰难其身，赴汤蹈火以与之战，至死而不悔，若是者，吾谓之科学精神。"① 他指出了科学研究的方法论，即要依靠试验、推用和检验，当旧有的学问和前人的结论与真理相违背时，即使过程艰难，也应坚持为真理而斗争，至死不悔。他本人也是如此践行的，以毕生精力贡献于科学事业，促进了科学传播、科学体制和科技政策研究的发展。梁启超从广义上阐释了科学精神的内涵，即"有系统之真知识，叫做科学，可以教人求得有系统之真知识的方法，叫做科学精神"② 。他认为科学精神是用来教授真理的一种教化方法。科学史家樊洪业认为科学精神是追求科学的本质，而追寻科学本质内核是"求真"，即追求真理，这一精神基础源自西方近代科学精神的"理性精神和实证精神"③ 。科学史家席泽宗院士则以"公正、客观、实事求是"④ 来总结科学精神，将实事求是作为追求真理的科学精神。

实事求是的科学精神也体现在我国科学发展的具体实践中。我国古代的科学发展主要体现在技术方面取得的辉煌成就，而在科学理论方面则不如西方发达。为了满足生产生活实践活动和中央集权统治的需要，具有实用主义色彩的儒家思想占据主导地位。在实用

---

① 任鸿隽：《科学救国之梦：任鸿隽文存》，上海科技教育出版社 2002 年版，第 70—72 页。

② 《梁启超讲演集》，河北人民出版社 2004 年版，第 154 页。

③ 王大珩、于光远等：《论科学精神》，中央编译出版社 2001 年版，第 107 页。

④ 席泽宗：《科学精神：公正、客观、实事求是》，《中学历史教学参考》2001 年第 6 期。

主义理念的指导下，科技发展始终以实事求是为行动原则。这一精神贯穿于中国传统科技体系，推动了天文历法、数学、医学等领域的持续发展，代表性著作如《天工开物》《九章算术》《本草纲目》等。近代以来，面对内忧外患，我国逐渐意识到科技落后是导致国家困境的主要原因。魏源提出"师夷长技以制夷"的观点。清末我国开始了科技和教育的转型。辛亥革命之后，转型步伐加快，措施包括"输入、仿造、译介、留学、引进科学符号和方法、兴办现代教育、开设研究院所等"①，由此，现代科学和教育体制逐渐取代旧体制。抗日战争期间，尽管国家遭受巨大破坏，但也催生了一批科学技术人才，他们以"科学救国"为宗旨，投身于科学建设。新中国成立后，在中国共产党的领导下，我国迎来科技创新的新浪潮。20世纪五六十年代，面对科技水平落后和缺乏人才的状况，党中央提出了"向科学进军"的战略思想，包括学习国外先进技术、解决知识分子问题、培养又红又专的科技人才等。这一时期的科技发展模式是大科学体制，通过政治整合方式对科学进行改造和重建，我国以"两弹一星精神"为代表，内含的精神包括无私奉献、热爱祖国、艰苦奋斗，并与爱国主义、集体主义和社会主义精神保持一致。尽管这一模式在某些方面不符合科学发展规律，具有"主观主义和政治意识倾向"②，但却是我国在特殊重建时期的有效选择，使得我

---

① 刘大椿：《西学东渐与中国近现代科技转型的若干问题》，《天津社会科学》2021年第4期。

② 李真真：《20世纪50、60年代的中国：科学的改造与社会重建》，《自然辩证法通讯》2005年第2期。

国的科技水平在有限资源条件下、在严峻的国际国内形势下得以增长。这一时期科技水平的提升主要体现在三个方面:一是国家对科学技术发展所需的资源具有全部所有权和分配权;二是形成一套自上而下的、多重职能的组织,使科学家依附于组织进行研究;三是强化科学家为国奉献的身份认同和道德引领。

改革开放后,邓小平进一步强调了科学技术在我国的战略地位,提出了"科学技术是第一生产力"的战略思想,促使我国逐步在科技方面实现社会主义现代化发展。

进入新时代,"我国科技事业取得历史性成就、发生历史性变革"[①]。追求科学真理被赋予了更深刻的内涵,成为我国向科技强国迈进的强大精神动力之一。这一精神体现在科学家充满坚持与勇气的科研实践中。如屠呦呦为了尽快解决疟疾难题,在动物实验成功后不久,主动提出自己第一个以身试药。[②] 在经历无数次实验失败之后终于发现了"青蒿素"的秘密,并于 2015 年获得诺贝尔生理学或医学奖。又如张彦仲作为国产大飞机自主工程的总设计师,带领团队攻克数以百万计零部件和数十个复杂系统的难关,历经几千个科目的试验飞行,从四川绵阳深山风洞实验室、甘肃嘉峪关机场横风试验场,到结冰试验在全国辗转奔波。C919 项目从 2007 年启动,

---

① 习近平:《在全国科技大会、国家科学技术奖励大会、两院院士大会上的讲话》,中国政府网,2024 年 6 月 24 日。

② 《屠呦呦传》编写组:《屠呦呦传:中国首获诺贝尔奖的女科学家》,人民出版社 2015 年版,第 74 页。

到 2017 年完成首飞，中国自主研制的大飞机梦想由此实现。[①] 还有投身不同领域并作出卓越贡献的当代科学家们，他们以实际行动诠释着对真理的执着追求。从历史维度审视，追求真理的科学精神始终贯穿于我国科技发展的脉络之中。这种精神不仅体现在科学家个体的治学品格，更映射在国家科技战略的宏观布局层面，成为驱动科技强国建设的核心功能。

三、追求真理与科技强国战略

我国科学家的故事折射出求真的力量。被誉为中国导弹之父的钱学森，在少年时期就展现出实事求是的可贵品格。1933 年，正值 22 岁的钱学森在国立交通大学机械系学习时，在一次水力学考试中取得了满分，然而，当他拿到满分试卷进行检查时，却发现在一道公式推导题的结尾处，慌忙中将"Ns"写成"N"，这一错误显然没有被金悫教授发现，于是他主动要求扣分，他的卷子上因此用红笔工整地扣掉了 4 分。金悫教授对钱学森重视细节和事实、诚实谨慎的态度倍感赞赏，于是保留了这份试卷。47 年后，当 69 岁的钱学森回母校访问时，金悫教授回忆起这段往事，并展示了这份试卷。[②]

1977 年上半年，钱学森在中共中央理论刊物《红旗》上发表一篇文章，一方面实事求是地揭露了我国当时科技水平的不足，指出

---

① 刘涓溪、李俊杰：《中国工程院院士、大飞机自主工程总设计师张彦仲投身航空工业六十余载——孜孜以求，逐梦万米蓝天》，《人民日报》2025 年 2 月 27 日。

② 叶永烈：《走近钱学森》，四川人民出版社 2016 年版，第 87 页。

主要原因在于政治对科技发展的束缚；另一方面，强调我国不能一味批判外国的知识，而是要继续谦虚地学习外国的科技文化，以赶超世界先进水平为目标而不懈努力。他写道："我们应当肯定，中国有接近或超过世界先进水平的东西；但又要看到，那只是一部分，而且是比较小的一部分，大部分项目我们还比较落后。"[①] "只有实事求是地承认与世界先进水平比，确实有差距，才能感到迎头赶上、迅速赶超的迫切性。"[②]

钱三强的治学精神中体现出崇尚科学真理和谦虚谨慎的重要面向。钱三强为中国原子能事业贡献了不可磨灭的力量，却对自己的贡献只字不提，也不愿被媒体所报道。当我国第一颗原子弹成功爆炸后，法国《科学与生活》杂志刊登了题为《在中国科学的后面是什么？》的报道，第一次将钱三强称作"中国原子弹之父"，他随即表示，原子弹的成功是集体智慧，并非他个人的功劳，并在之后的媒体报道审稿中，将这样的溢美之词都删掉了。在大跃进时期，钱三强仍坚持实事求是的工作作风。在中国科学院召开的祝捷大会上，许多工作人员对自己的研究成果进行了夸大，但钱三强并没有跟风。黄胜年回忆道："发言者大都提出了事实上难以达到的高指标，而且像竞争似的，一个比一个讲得'宏伟'和'鼓舞人心'。轮到钱先生上台了，出乎许多人的意料，他平静地讲了能够做到的事。在那次大会上是被

[①] 方华、史册主编：《参考的启示　国事卷　1977—1979》第9册，陕西师范大学出版社1999年版，第87页。

[②] 同上书，第88页。

认为'保守'的。我心中明白，他这样做，要承受多么大的压力。"①
他面对与真理相违背的情况时，不畏艰险，不畏权威，积极反对。例
如，1959 年"超声波产生放射性"被视为重大科学，但事实上，当时
的研究结果表明超声波并不能产生放射性，从而遭到钱三强的抵制。
他在全所大会上对此进行总结发言，表示"那些竭力将'超声波产生
放射性'吹嘘为党的路线的光辉的成就的同志们，不是在那里提高党
的威信，而是败坏党的声誉，实实在在地给党的路线抹灰涂黑!"②而
且钱三强知错能改，毫不遮掩错误。他于 1956 年发现并证明了铀核
三分裂、四分裂的现象，1996 年，他回顾之前的研究工作时予以了自
我批评，表示"我们的工作也不是一切都正确。例如，对于快中子引
起铀、钍裂变，我们没有观察到三分裂。实际上后来其他国家的工作
表明，与慢中子裂变一样，铀、钍核素在用快中子引发裂变时，同样
也能发生三分裂，其概率略有差别。为了不使快中子在乳胶中产生大
量反冲质子，我们对乳胶进行了减低灵敏度的措施，但措施过分了，
以致 α 粒子附近的轻粒子也观察不到了。这说明我们工作有些还是
考虑不够周到，经不住历史考验"③。

我国科技相关的国家战略的演变也能反映出追求真理的精神。
新中国成立前强调"科学救国"，1956 年提出"向科学进军"，改革

① 葛能全:《钱三强年谱长编》，科学出版社 2013 年版，第 295 页。
② 何祚庥:《回忆三强同志在原子能科学技术中的重大贡献》，《自然辩证法研究》1992 年第 8 期。
③ 钱三强:《徜徉原子空间》，百花文艺出版社 1999 年版，第 162 页。

开放后指出"科学技术是第一生产力"，党的二十大报告提出，加快建设"科技强国"的战略目标，表明我国的科学发展进入新时代。中国共产党人肩负着新的历史使命，要继续坚持从实际出发，脚踏实地地寻求高质量发展，积极追求真理，避免好高骛远和纸上谈兵，义无反顾地推动中国特色社会主义事业的不断前进，科技水平的不断提升。从"两弹一星"到载人航天，从"天眼"探空到"蛟龙"探海，还有"墨子"传信、"超算"发威、"北斗"组网和"嫦娥"奔月……中国科技事业的每一个里程碑，无不体现出追求真理、实事求是的精神内涵。这一精神贯穿在我国科学发展的进程中，也是当下我国科技强国战略的题中应有之义。

纵观我国科技发展的历程，无论是科学家的治学精神和价值理念，还是我国科技战略的宏观布局，追求真理始终是贯穿其中的一根金线，既是科学精神的核心，也是建设科技强国的坚实保障。上文以钱学森实事求是的治学态度和钱三强崇尚科学真理的谦虚谨慎为例，展现了我国科学家对真理的执着追求，体现出科技的发展离不开对真理的坚持，离不开严谨的科学态度和无私的奉献精神。从"科学救国"到"科技强国"，我国科技战略的演变也映射出国家对科技发展的深刻认识和坚定决心。在这一过程中，"实事求是"始终是指导我国科技发展的根本原则。也只有坚持真理，才能确保科技发展方向的正确性。我们正处于新一轮科技革命和产业变革的交汇点，科技创新是推动社会发展的核心力量。在这一背景下，追求真理这一科学精神的重要性愈发凸显。

科学精神也是科学文化的重要组成部分。要发挥科学精神看不见的手的作用[①]，这才是我们研究科学精神与科技强国关系所要把握到的。

第三节　开放自由与科技强国

在建设科技强国过程中，开放与自由也是必不可少的精神支柱。随着"小科学"到"大科学"阶段的转变，科学与社会交织的复杂程度不断提升，开放与自由的内涵也在层层深入。科学的开放性是知识进步和社会发展的重要推动力，不仅推动了科学知识的创新和积累，也促进了科学家的思想更新和大众的科学素养提升。科学自由是科学发展的灵魂，从古希腊哲学之源到现代科技发展，始终是推动科学进步的不竭动力。

一、科学中的开放性

科学的开放性包含三层含义，首先，从性质与关系层面来看，科学理论与实践不是封闭和僵化的，是随着科学实践的发展和科学精神内涵的变迁而不断深化和扩展的，是具有一定的时代性与历史

---

① 孙福全等：《科技强国建设模式、路径与对策》，科学出版社 2023 年版，第 140 页。

性、地方特色与全球视野的结合，并没有所谓的终极真理，而是逐渐认识的过程。因此，科学应当保持开放性，以便推翻旧的理论并建立新的理论。其次，从人的思想、观念的层面来看，科学的开放性体现在科学范式的转变过程中。库恩认为，"接受一个新范式的科学家会以与以前不一样的方式来看这个世界"[1]，这意味着他们的科学知觉和世界观都与过去不同了。例如，哥白尼的日心说新范式逐步取代托勒密的地心说旧范式，在此之前，人们尽管也看到了星空中的变化和不和谐，但仍旧相信地球是宇宙的中心以及太阳围绕地球运转，直到哥白尼日心说提出后，才认为太阳是中心以及地球绕日运动，这一转变改变了人类对宇宙和对人类自身的理解。同时，开放性还意味着批判与质疑精神，是思想观念的深入和变革；相反，封闭性则更重视权威与教条，是思想观念的僵化。最后，从制度、架构层面来看，科学的开放性又被称为开放科学，根据 2015 年经济合作与发展组织（OECD）的《实现开放科学》报告和 2021 年联合国教科文组织（UNESCO）发布的《开放科学建议书》可知，开放科学意味着科研的透明度和对于科学知识和成果的公共可获得性和易获得性，即"实现人人皆可公开使用、获取和重复使用多种语言的科学知识"[2]，

---

① ［美］托马斯·库恩：《科学革命的结构》，金吾伦、胡新和译，北京大学出版社 2012 年版，第 97 页。

② UNESCO. sets ambitious international standards for open science. https://www.unesco.org/en/articles/unesco-sets-ambitious-international-standards-open-science, 2021.11.26.

目的在于增进科学和社会的利益，增加科学合作、信息共享，促进成果创新，向"传统科学界以外的社会行为者开放科学知识的创造、评估和传播进程"①。

由上述可知，科学的开放性具有三重面向，一是面向科学本身的开放性，也就是说，一方面，科学知识要紧跟时代发展，要不断创新，要将重视基础研究与重视技术应用相结合，同时经得起实践的检验，探索未知，充盈人类的知识库；另一方面，要积极主动对外开放，汲取不同文明、国家的科学知识、研究方法以及科学组织和建制。二是面向科学家的开放性，意味着科学家要具有开放精神，敢于批判权威，站在真理的一面，敢于质疑并大胆提出猜想，直到被证伪。三是面向大众的开放性，包括大众主动去学习科学知识和科学方法，不断革新自身的思想和观念，拓展思考的广度和深度，以及大众有更多更方便的机会去获得科学知识。这就有赖于数字技术的进一步深化和变革，有赖于政府的积极推动与支持。尤其体现在开放科学的概念与实践上，即更强调科学研究过程的透明化，结果和益处是全民可共享的，发展是可持续的，也促进了《世界人权宣言》（UDHR）第27-1条的愿景的达成，意味着使得每个人都能享受科学进步带来的好处，从而参与到科学文化生活中。②

---

① UNESCO. sets ambitious international standards for open science. https://www.unesco.org/en/articles/unesco-sets-ambitious-international-standards-open-science, 2021.11.26.

② United Nations. Universal Declaration of Human Rights, https://www.un.org/sites/un2.un.org/files/2021/03/udhr.pdf, 1948.12.10.

相应地，科学的开放性对科学发展提出了一系列要求。首先，科学研究应当积极响应时代要求，提高质量水平，主动适应高水平对外开放的新形势，立足全球视野，同时符合本国特色和特定的历史文化背景，既不能满足于当下成果而止步不前，也不能缺乏方向性和道德引领而盲目前进，而是积极纳入伦理视角，融入全球创新网络，加强国内外深层次的交流合作，推动中外科学家在国际、国内学术圈双向任职，不断提升我国科技学术知识的开放性、地域范围的开放性，组织机构的开放性、科学精神的开放性和交流内容及深度上的开放性等，不断提升我国科技界对外开放的水平。其次，思想、观念的开放性特质表明，对于科学家而言，一方面，科学家们要保持对新理论、新方法和新技术的敏感性，勇于挑战传统观念，不断质疑和检验现有的科学假设；另一方面，要尊重和借鉴不同文化和哲学传统中的智慧，促进不同思想流派和学术传统之间的对话与合作，以及对科学社会责任和伦理问题的深刻反思。最后，对于大众而言，要积极解放思想，拓展思维的边界，多元化学习，避免偏见偏听的产生。

开放科学表明开放获取、开放数据以及全球性开放治理的发展形式，要求形成多元主体开放与治理的新格局，这就要求我国，一是借鉴学习他国相关政策框架体系的经验，探索并形成符合我国国情的开放科学政策，完善我国开放科学的体系建设；二是重视科技创新，完善科技奖励制度，提升科研评估能力；三是逐步实现科学知识的免费获取，拓宽获取的渠道，减少获取的步骤，从而提升公众对于科学知识的便捷性与可及性。

以 AI 领域为例，一直以来，AI 界存在着开源与闭源的路线争议。大多数学者还是提倡开源立场，最初 OpenAI 内部是以伊利亚为代表的领导层支持开源立场。但是随着 ChatGPT 爆火，立场发生了改变，奥特曼的盈利闭源立场挤走了伊利亚的开源立场，从此闭源主义占据了主导。但是 2025 年以来，随着中国 DeepSeek 的出现，他的立场被迫发生了翻转，开始逐步采取了开源立场。这一事件表明开放性会给科学发展带来良好的助力。

二、科学中的自由

开放与自由是科学发展不可或缺的两个维度。"liberty"（自由）一词源于拉丁文"libert"，意味着从束缚中解脱和获得自主权。亚里士多德指出，哲学产生的三个基本条件是惊异、闲暇和自由。[①] 其中，追求纯粹的科学才是真正的自由——既不是追求科学的效用，也不是为了任何实用性的目的。我们之所以追求和探索科学知识，是为了科学本身，为了满足我们内在的求知欲。正如柏拉图在《理想国》中所言，数学是一门非功利性的、纯粹的、引领我们通向真理的、自由的学问，他将数学描述为"能迫使灵魂使用纯粹理性通向真理本身"。自由作为科学探索的态度，自古希腊时代开始就在西方世界被提升为一种人性理想，成为人之为人的存在标志，并逐步

① ［古希腊］亚里士多德:《形而上学》，苗力田译，中国人民大学出版社 2003 年版，第4—6页。

演变成了一种强调"个体的自主、自决、自立、自足"①的精神。

罗伯特·K.默顿的科学自由观念延续了古希腊的传统。他结合了17世纪英国科学技术发展历史和他所处的20世纪的科技发展情况，提出了科学的精神气质内涵。其中，无私利性这一精神气质尤其与柏拉图所述的非功利性、纯粹的自由科学相似。爱因斯坦对于科学自由是从权利和义务角度解读的，他认为，"学术自由是，一个人有探求真理以及发表和讲授他们认为正确的东西的权利。这种权利也包含着一种义务：一个人不应当隐瞒他已认识到正确的东西的任何部分"②。其中，科学家不应有隐瞒的义务和默顿提出的公有性精神相吻合。

从近代科学到现代科学的发展，其变化是深远而翻天覆地的。在近代科学的建制化阶段，科学对社会的影响和社会对科学的管理与干涉都是相对有限的，科学按照其自身的节奏和规律较为自主地发展。然而，现代科技已经深入生活的方方面面，成为人类生存的必备方式，与人类的感知和行动都是相互调节、相互塑造的。我们看到了非建制化的、非职业化的和社会化的科学出现，也就是说，科学技术与社会、经济、政治和文化都产生了复杂的交织。科学的发展方向、速度和规模等都受到不可避免的影响，国家对科学的投入和管理也都大幅增加。而且默顿的科学规范更适用于理想化的科

---

① 吴国盛：《科学精神的起源》，《科学与社会》2011年第1卷第1期。

② 《为保卫学术自由和公民权利而斗争》，《爱因斯坦文集》第3卷，商务印书馆1979年版，第323页。

学环境，而非当代复杂的科学发展环境，因此，它已经无法很好地适应和指导当代社会和科学的发展。从而，我们需要更加完善的、符合实际情况的，并且对科学发展具有现实指导意义的新的科学规范。我们需要重新审视和思考科学的本质和规范，以适应和引领科学在新的历史阶段的发展。

约翰·贝尔纳（John Bernal）从大科学的视角出发，深入阐释了科学自由的概念。他认为，自由是科学存在的基础，缺乏自由作为保障将导致伪科学的滋生。他进一步地将科学自由的内涵进行了层次划分。第一层是科学言论自由，是最基础的自由。贝尔纳强调，"科学自由不仅仅在于科学工作者对于自己研究的领域有发言权，而在于科学家对于其所处的环境以及社会也具有自由的发言权"[①]。例如，近代科学革命的发生就在于科学家对宗教权威的挑战。如伽利略改进望远镜，观察到太阳黑子、月球凹凸不平的表面，金星和水星的盈亏，木星的卫星等，加上他的落体实验，推翻了当时被奉为圭臬的亚里士多德的力学和天体观念，反驳了延续上千年的托勒密地心说，有力地支持了哥白尼日心说，挑战了教会权威。第二层是科学研究自由。科研活动需要经费的支持，而经费的来源很大程度决定了研究的方向和工具。这可能导致重视科学应用而忽视科学基础研究，过于追求效益等问题，从而一定程度上制约了科研自由。

---

① ［英］约翰·贝尔纳：《科学的社会功能》，陈体芳译，广西师范大学出版社2003年版，第374页。

第三层是科学传播自由。涉及将科学知识、方法和精神从科学家传递至大众的过程。但存在传播方式和客体选择不自由的问题。同时，如果科学传播不充分，就会导致科学与公众的联系断层，产生互不理解的局面，从而不利于科学的发展。这三个层次的自由是层层递进，互相渗透和互相影响的。在默顿的基础上，贝尔纳对于科学研究的价值导向提出了不同观点。他认为，科学需要两种动机相结合，即满足好奇心和求知欲的动机和完成任务的动机。如果只重视纯粹的好奇和求知，可能会导致科学理论与人们的实际需求相脱节；只追求实用的任务导向的科研也不利于科学的发展。只有将两者结合，科学才能健康稳定地发展，才能同时具备真理价值和实用价值。

三、开放自由与我国科技发展

科技的发展离不开开放、自由的社会环境，学术追求和精神指南。

从 1583 年到 1700 年，我国的科技经由吸收西方科技而得以发展，但随着西学中源说的兴起而停滞不前。1583 年，意大利传教士利玛窦开启中国内地传教之旅，被后世誉为"西学东渐第一人"。之后陆续有传教士进入我国，不断尝试用国人接受的传播科学技术的方式来渗透传播基督教的初衷。利玛窦是这一阶段最具代表性的人物，在中西科技交流史上作出不容忽视的贡献，他的贡献包括：第一，在传教策略方面，采用独特的"合儒"策略。学习儒家思想，学用中文写作，学习中国礼仪与习俗，与士大夫广泛交往，将基督教与中国传统相结合。其中，以拉丁语翻译《四书》成为开欧洲汉学先河的代表性成就。第二，在地理学方面，他最早将西方地理知识传入中国，汇编不同种类的世界地图，包括实地测量的经纬度、地名译定、欧洲地理新发现、五大洲观念、地带分法等。他的地圆说和世界地图，突破了中国人原本的天下观，是中国走向近代不可或缺的启蒙教育。第三，在天文学方面，引入"九重天说""四元行论""地圆学说""日体大于地、地体大于月说"以及各种天文仪器等。利玛窦引入的天文知识包括中世纪神学的希腊科学遗产，对中国知识界产生一定影响。第四，在数学方面，他引入的《几何原本》和《同文算指》影响最大。利玛窦来华之前，中国的算术还是筹算、珠算。西洋笔算方法就是由《同文算指》引入的。在此基础上，一些学者开始整理、重新挖掘中国古代数学遗产，催化了清朝中叶中国传统数学的进一步发展。第五，在语言方面，他首创用拉丁字母注汉字语音，对中国音韵学发展产生较大影响。第六，在美术方面，传入了透视画法。第七，在音乐方面，传入了西琴西乐，还作《西琴八曲》。第八，传入了记忆术，撰《西国记法》一书。[①] 这些极大促进了中西科技交流。

　　1700 年到 1840 年，清朝为了巩固皇权统治，在文化和意识形

---

　　① 樊洪业：《耶稣会士与中国科学》，中国人民大学出版社 1992 年版，第 1—23 页。

① 樊洪业：《耶稣会士与中国科学》，中国人民大学出版社 1992 年版，第 1—23 页。

态上采取专制手段，实行闭关锁国政策。1711 年康熙提出，"夫算法之理，皆出自《易经》。即西洋算法亦善，原系中国算法，彼称为阿尔朱巴尔。阿尔朱巴尔者，传自东方之谓也"^①。倡导从本国文化中寻求科学之源，而不再积极学习西方科技文化，这导致 16 世纪以来中西科技交流的火苗被浇灭了。之后学界研究方向逐渐偏于保守，以乾嘉学派的考据学为代表，走向了脱离世界发展轨道和当时社会发展的以训诂、考订为主要方式的中国传统文化的浩瀚内容中。从 16 世纪以后科技、文化逐渐开放的趋势到 19 世纪的封闭状态，我国的科技发展经历了从开放到封闭，直至停滞不前的变化。1840 年鸦片战争爆发，我国被科技发达的西方国家侵略而无招架之力，天朝上国的美梦也随之破碎。

清廷的内忧外患迫使国人反思，发现落后就要挨打，从而开启了以"师夷长技以制夷"为共识的，以维护封建统治为前提的一系列主动学习西方科技的运动，以始于 1860 年的自强运动、1895 年的维新运动和 1905 年的立宪运动为代表。随着辛亥革命推翻了清朝专制统治，建立了共和政体，现代科教体制逐渐取代旧体制而得以发展。

西学东渐在中国经历了从被动开放到封闭再到主动开放的态度转变，经历了社会环境、学术环境由封建专制到追求科学民主的自由氛围的转变，可以看出，封闭与专制不利于科技进步，而开放与

---

① 《清实录·圣祖实录》（三），卷 245，中华书局 1985 年版，第 431 页。

自由对于科技建设而言是必不可少的精神支柱。但同时要认识到，科学自由并非没有限制的绝对的自由，而是有条件的、相对的、符合客观规律的、以人类道德和价值规范为前提的和以维护国家安全为底线的自由。因此，在推动科技对外开放的同时，需要完善相应的安全机制，制定相应的伦理规范准则，实现开放自由与国家安全的平衡。同时要求我们在开放中保持独立自主性，在交流中坚持平等互惠原则，从而推动科技强国战略的高质量高水平建设，以科技进步促国家发展，增进人类福祉。

新中国成立后，我国科技发展经历了如下三个阶段：

第一个阶段，新中国成立的前三十年（1949—1978 年）。我国科技在自力更生的基础上吸收借鉴国外先进技术，取得一个个历史性突破。新中国成立之初，"仿制苏联"成为一种模式。以 20 世纪 50 年代中国科学院计算技术研究所筹建过程为例，当时中国计算机事业尚未开启，老一辈计算机专家同样面临如何处理好开放和自主的关系，他们最终作出了两个关键决策：决策一是先仿制后创新，仿制为了创新。当时老一辈计算机专家认为，通过在大学中设立相关专业、从培养学生学习基础理论开始，时间周期太长，满足不了国家急迫的需要。于是决定，先根据苏联现成的电子计算机和图纸进行仿制，在仿制过程中学习技术，为未来的自主创新奠定基础。决策二是在中国本土仿制，而不是送人去苏联仿制。专家认为，在中国国内仿制苏联的计算机，能迅速建立和培养中国自己的科研队伍、工业生产队伍、应用队伍和管理队伍，而这是中国计算机事业的基础。中国计算机事业的先驱们综合考虑了中国当时的学科基础、长远目标、经费开销等因素，作出了非常务实的决策，遵循"人才是实现自主能力的根本"这一原则，很好地处理好了开放与自主的关系，实现了中国计算机事业"从0到1"的突破。

这一时期我国工业体系的建立主要依靠大规模引进成套技术设备产品，同时引进消化各类相对落后的技术方案；并以此为基础，培养了一批骨干人才，形成了一定的自主研发能力，但与国际先进水平仍有较大差距。与工业领域不同，那段时间的国防领域主要以引进人才为主，钱学森、钱三强、邓稼先等一批海外人才归国，为"两弹一星"作出了不可磨灭的贡献，让我国具备了战略国防力量的自主研发能力。

第二个阶段是改革开放的头30年（1978—2012年），我国实行对外开放和对内搞活的政策。为学习国外先进科学技术，开始有计划地选派科技人员出国进修、留学，同时广泛开展科技领域的国际学术交流活动。在1978年全国科学大会上，邓小平指出："提高我国的科学技术水平，当然必须坚持独立自主、自力更生的方针。但是，独立自主不是闭关自守，自力更生不是盲目排外。我们要积极开展国际学术交流活动，加强同世界各国科学界的友好往来和合作关系。"全国科学大会通过《1978—1985年全国科学技术发展规划纲要》，提出要加强国际科技合作和技术交流，邀请外国科学家、工程技术专家来华讲学，加强我国驻外机构的科技调研工作，积极参加国际学术组织和国际学术会议等学术活动，积极地、有计划地派遣科学技术人员等出国学习、进修、考察等。自此，我国国际科技合作开启了新的时期。1978年1月，中法两国政府在北京签订科技合作协定，成为改革开放后我国与西方发达国家签署的首个政府间科技合作协议。1979年1月，邓小平访美期间与美国总统卡特签署《中美政府间科学技术合作协定》。1978年8月，全国第一次科技外事工作会议召开，提出要"解放思想，全面开展对外科技活动"的科技合作方针。1981年8月，第二次全国科技外事工作会议修订了对外科技合作与交流的方针，即"在独立自主、自力更生的前提下，从国内实际情况出发，讲求实效，认真学习各国对我国适用的先进科学技术和科技管理经验，积极、稳妥、深入、扎实地开展国际科技合作与交流活动，为发展我国国民经济和科学技术服务"。国家科委在我国一些主要驻外使领馆设立科技参赞处或科技组，第一批首先在驻英、法、德、日4个使馆和驻美联络处设立科技处，在部分驻其他西方国家的使馆设立科技组，之后逐步扩大驻外科技机构，在我国驻苏、捷、波、民主德国、印度以及巴西使馆设立科技处。

在政府的大力推动下，我国恢复了与苏联的科技合作关系，与东欧国家的科技合作从恢复走向稳定发展，与联合国系统机构等国际科技组织之间的科技合作和交流有了较大的发展。到1985年底，我国已同世界106个国家建立了科技交流关系，同其中的53个国家，包括西方发达国家签订了政府间的科技合作协定或经济、工业、科技合作协定，合作形式包括交换科技情报和资料，互派科技代表团、科学家、考察专家、进修生和实习生，组织双边科技讨论会和共同研究等。1983 年 7 月，邓小平提出"要利用国外智力，请一些外国人来参加我们的重点建设以及各方面的建设"。同年 8 月，中共中央、国务院联合发布《关于引进国外智力以利四化建设的决定》。9 月，国务院出台《关于引进国外人才工作的暂行规定》。为了加强人才引进工作，决定成立中央引进国外智力工作领导小组，并设立国务院外国专家局。不久，美国华裔科学家陈省身教授受聘担任南开大学数学研究所所长，首创外国人担当中国研究机构主管领导的先例。1984 年，德国专家格里希受聘担任武汉柴油机厂厂长，率先引进国外以质量、市场为核心的管理理念，从严治厂，改变工厂管理落后、质量低劣的面貌，对我国国有企业管理体制产生强大冲击。美籍建筑大师贝聿铭作为改革开放后第一个在中国奉献经典作品——香山饭店的外国建筑师，为中国建筑走向世界作出了特殊贡献，成为新时期引进国外智力工作的典范。

这一时期，我国主要采取了"以市场换技术"路线，目标是通过开放本土市场来引进产品、外资与知识产权等多种要素资源。同时，通过合作生产、合资办企业、独资设立分支机构等方式引进大量外资，培养了一批技术人才与管理人才。但这段时间也存在大量优秀人才外流的问题。

第三个阶段是进入新时代（2012 年至今），我国科技发展深度参与全球科技治理，贡献中国智慧，着力构建人类命运共同体。我国科技的大门越开越大，同时自主性越来越强。2020 年 11 月 3 日，习近平总书记在《关于〈中共中央关于制定国民经济和社会发展第十四个五年规划和二〇三五年远景目标的建议〉的说明》中提到，建议稿起草过程中要注意把握 5 条原则，其中第 3 条为"处理好开放和自主的关系，更好统筹国内国际两个大局"。从国家层面来看，开放与自主均是重要的发展目标。在这一阶段，我国科技发展坚持以全球视野谋划和推动科技创新，全方位加强国际科技创新合作，积极主动融入全球科技创新网络，提高国家科技计划对外开放水平，积极参与和主导国际大科学计划和工程，将"一带一路"建成创新之路，最大限度用好全球创新资源，全面提升我国在全球创新格局中的位势，提高了我国在全球科技治理中的影响力和规则制定能力。

在这一时期国家在引进高铁、2G/3G 通信、液晶显示、开源软件等一批国际先进技术的同时，更重视"吸收—消化"的能力建设，培养出大批本土技术人才，这些人才又逐步具备了"再创新"的能力，发展出 5G 通信等国际领先的技术。开放的政策也吸引大批海外人才选择归国创新创业，研发核心技术。得益于中国高水平人才数量和质量不断提升，中国的科技实力也不断增长。此外，科学精神的培养也已逐步纳入公众科学素质提升的大框架中，正如习近平在 2018 年的致世界公众科学素质促进大会的贺信中指出，中国愿"就普及科学知识、弘扬科学精神、传播科学思想、倡导科学方法积极交流互鉴"①。我们还应进一步加强科学普及和教育，提高公众的科学素养，培养全社会尊重科学、崇尚创新的良好氛围。

　　我国始终坚持开放，强调开放是国家进步的前提，同时又强调应大力提升自主创新能力，尽快突破关键核心技术，实现科技创新自立自强。新中国成立 70 多年来，我国的科技实力得到巨大的提升，如今论文发表总数、高被引用论文数、国际《专利合作条约》（PCT）专利等多项指标位居国际前列，这离不开中国一系列大力开放的措施，也离不开在开放过程中始终坚持提升科技发展自主能力的战略定力。

---

①　习近平：《论科技自立自强》，中央文献出版社 2023 年版，第 168 页。

第七章　科技文化与科技强国战略

　　科学源于思想，没有新思想的指引的科技发展不可能出现创新的科学技术，建设科技强国离不开文化精神、科技文化的引领和支撑。科技文化为科技强国建设提供了强大的精神动力和文化土壤，是推动科技创新、实现高水平科技自立自强的重要内容。科技文化作为一个国家和民族的文化构成部分，是文化强国建设不可缺少的环节，也是科技强国建设重要环节。"科学文化赋能科技创新，成为建设世界科技强国的引擎。"① 从文化的内核精神来看，创新精神是建设科技强国的必要条件。人类文明的发展是一部创新史，文明发展的实质是不断创新和满足人类层层递进的生活需求。中华民族拥有 5000 多年灿烂文化，为人类文明的发展作出了突出贡献。"可以说，创新精神是中华民族最鲜明的禀赋。"② 从文化的功能来看，凝

---

① 孙福全等：《科技强国建设模式、路径与对策》，科学出版社 2023 年版，第 140 页。

② 习近平：《论科技自立自强》，中央文献出版社 2023 年版，第 77 页。

聚人心是好的文化的必要功能体现。一个民族的复兴需要强大的物质力量，也需要强大的精神力量。科技强国的建设亦是如此。

第一节　科技文化的多重意义

文化关乎国本、国运，文化兴则国家兴，文化强则民族强。党的二十大报告指出，2035 年我国发展的总体目标建成文化强国。这一点在推进文化自信自强、铸就社会主义文化新辉煌中得到体现，"必须坚持中国特色社会主义文化发展道路，增强文化自信，围绕举旗帜、聚民心、育新人、兴文化、展形象建设社会主义文化强国，发展面向现代化、面向世界、面向未来的，民族的科学的大众的社会主义文化，激发全民族文化创新创造活力，增强实现中华民族伟大复兴的精神力量"[①]。党的二十届三中全会通过的《关于进一步全面深化改革　推进中国式现代化的决定》提出，"中国式现代化是物质文明和精神文明相协调的现代化"，"必须增强文化自信，发展社会主义先进文化"[②]，助推中国式现代化和科技强国建设。

---

① 习近平：《高举中国特色社会主义伟大旗帜　为全面建设社会主义现代化国家而团结奋斗——在中国共产党第二十次全国代表大会上的报告》，人民出版社 2022 年版，第 43 页。

② 《中共中央关于进一步全面深化改革　推进中国式现代化的决定》，人民出版社 2024 年版，第 32 页。

一、人类文化的内涵与特性

马克思主义文化发展观用发展的眼光认识和把握历史及其动态因素，分析并指出文化具有阶级性，对社会发展具有巨大的推动作用；在革命和建设中无产阶级掌握文化科学知识是至关重要的。[①]马克思主义认为，人类实践是文化产生的根源[②]，文化的本质是"人的实践力量"[③]的展现和积淀，因此对文化内涵的理解离不开研究现实的人及其劳动实践关系。文化由人民创造和发展，文化来源于人民的实践。[④] 人民的劳动实践、社会交往等现实活动始终是文化形成发展的根本出发点和生长点，所有科学、艺术等文化成就，归根结底也都是以人民群众的实践经验为基础进行提炼、概括的结果。文化的各方面主要包括物质设备、精神方面、语言、社会组织。[⑤]物质设备主要是各种技术物，包括器物、房屋、船只、工具，以及武器。这是最先被注意到的要素。精神方面是辅助物质方面的，"这部分是种种知识，包括道德上、精神上以及经济上的价值体系，包括社会组织的方式，及最后——并非最次要的——包括语言，这些我们可以总称作精神方面的文化"[⑥]。其中习惯和风俗是精神文化最

[①] 《马克思恩格斯选集》第4卷，人民出版社2012年版，第301页。

[②] 《马克思恩格斯文集》第1卷，人民出版社2012年版，第501页。

[③] 同上书，第320页。

[④] 习近平：《习近平著作选读》第1卷，人民出版社2023年版，第228页。

[⑤] ［英］马林诺夫斯基：《文化论》，费孝通译，华夏出版社2002年版，第4—9页。

[⑥] 同上书，第5页。

基本的要素。因此这两个方面对应的文明形态就是物质文明和精神文明。语言是"文化整体中的一部分，是一套发音的风俗及精神文化的一部分"[①]。社会组织是物质设备及人体习惯的混合复体，不能和它的物质或精神基础相分离。"物质富足、精神富有是社会主义现代化的根本要求"[②]，只有建设与物质文明成就相匹配的高度精神文明，使国家的物质力量和精神力量都得到增强，中国式现代化才会行稳致远，科技强国目标才会越来越近。

任何一个民族都有自己的文化，文化是民族之根、民族之魂。同时，一个国家、一个民族的强盛，总是以文化兴盛为支撑。中华优秀传统文化是中华民族的基因，中华优秀传统文化有很多重要元素，共同塑造出中华文明的突出特性。中华文明具有突出的连续性、创新性、统一性、包容性、和平性。这些特性一方面有效推动着中华优秀传统文化创造性转化、创新性发展，另一方面也发挥文化的强大作用，更有力地推进中国特色社会主义文化建设，建设世界科技强国。

二、文化强大在于强大凝聚力和融合力

文化的功能是凝聚人心，汇聚民力。在日常生活中，我们通常

---

① ［英］马林诺夫斯基：《文化论》，费孝通译，华夏出版社 2002 年版，第 7 页。

② 习近平：《高举中国特色社会主义伟大旗帜　为全面建设社会主义现代化国家而团结奋斗——在中国共产党第二十次全国代表大会上的报告》，《人民日报》2022 年 10 月 26 日。

会见到水流旋涡，总是往一个地方走，这就是向心力的作用。在历史上，封建王朝更替中可以看出，得民心者得天下，"得"就是一个聚集凝聚的结果。中华文明的连续性既体现了中华文明是世界上唯一绵延不断且以国家形态发展至今的伟大文明，同时也彰显了她的凝聚性，深厚的家国情怀与深沉的历史意识，为中华民族打下了维护大一统的人心根基，成为中华民族历经千难万险而不断复兴的精神支撑。

诸多优秀传统思想文化从古至今发挥着凝聚融合之力。崇德重义、成圣成贤、重和去同以及整体趋同等传统价值取向对民族凝聚力的形成和发展，起了重要的推动作用。[①] 崇德重义强调道德在人们生活中的作用，尤其是重品德、德行、义气等观念。成圣成贤也强调道德意义上的作用，尤其是强调作为权威的道德理想人格起到的引领作用。重和去同更是一种内心的指向，强调和谐的关系。整体趋同是一种思维方式上的特征，强调重整体、从宏观入手把握对象。将传统文化内涵创造性凝结于社会主义核心价值观，在当今社会已然形成影响像空气一样无处不在、无时不有。中华文明的统一性使得中华民族各民族文化融为一体。

中华文明的连续性和统一性既凝聚人心，汇聚民力，赋予中国式现代化深厚底蕴，同时也昭示我们在新的起点凝心聚力、创造新的更大辉煌。

---

① 李宗桂：《思想文化在历史上的民族凝聚作用》，《社会科学研究》1994年第6期。

三、文化强大在于明确的引领力和指向

2014年，习近平谈到建设具有全球影响力的科技创新中心时，强调了科技进步大方向的重要性。"推进科技创新，首先要把方向搞清楚，否则花了很多钱、投入了很多资源，最后也难以取得好的成效。"[①] "推动科技发展，必须准确判断科技突破方向。判断准了就能抓住先机。"[②] 这里大方向是重要的科学问题和关键核心技术、科技创新的主攻方向和突破口。对于如何判定方向，往往是根据事物发展规律。比如通过一些先兆预判事物发展的状况。《周易》里的"初六，履霜，坚冰至"，意思是走在路上看到霜，那就意味着天冷，下一步就是天寒地冻冰坚的时候。此外，对科技创新的方向往往是通过技术预测来判断。这种方法是通过专家智库来进行，专家借助各种方法进行具体的技术预测，以此来明确发展的未来方向；老的识别方向是借鉴者的经验。这已经形成一个强大的成见。认为中国科技创新落后于西方国家，比如美国，因此在很多领域我们需要跟跑。然而，这一认识存在着局限。"科技创新这件事，等待观望不得，亦步亦趋不行，要有一万年太久、只争朝夕的紧迫感和劲头，快马加鞭予以推进"[③]。

此外，各类精神是文化的内核组成部分，在引领力上起到了不

---

① 习近平：《论科技自立自强》，中央文献出版社2023年版，第63页。
② 同上书，第151页。
③ 同上书，第62页。

可或缺的作用。党的二十大报告指出："培育创新文化，弘扬科学家精神，涵养优良学风，营造创新氛围。"①中华民族始终以"苟日新，日日新，又日新"的精神不断创造自己的物质文明、精神文明和政治文明，在很长的历史时期内作为最繁荣最强大的文明体屹立于世。中华文明的创新性，从根本上决定了中华民族守正不守旧、尊古不复古的进取精神，决定了中华民族不惧新挑战、勇于接受新事物的无畏品格。

四、文化强大在于强大的影响力和培育力

中国传统文化曾经有着很大的影响力，如盛唐时期的文化对日本影响是很大的。此外，中国的若干技术对于世界影响极大，世界科技史前 24 项发明中 16 项源自中国。马克思说："火药、指南针、印刷术——这是预告资产阶级社会到来的三大发明。火药把骑士阶层炸得粉碎，指南针打开了世界市场并建立了殖民地，而印刷术则变成新教的工具，总的来说变成科学复兴的手段，变成对精神发展创造必要前提的最强大的杠杆。"②

科学是西方文化的一种形式，它对世界的影响力是毋庸置疑的，也有不少思想家在思考这个问题，如芬伯格（Andren Feenberg）就

---

① 习近平：《高举中国特色社会主义伟大旗帜 为全面建设社会主义现代化国家而团结奋斗——在中国共产党第二十次全国代表大会上的报告》，人民出版社 2022年版，第 35 页。

② 《马克思恩格斯全集》第 37 卷，人民出版社 2019 年版，第 50 页。

思考了是什么使得西方科学如此成功的问题。在他看来，科学的破坏性与建设性在这个过程中起到了无比重要的作用。对于破坏性，芬伯格（A. Feenberg）认为，不同民族的文化被现代科学摧毁。"对于第一个方面，弗朗西斯·培根给出了答案：科学是一种方法，它摧毁心灵的偶像、部落的偶像，摧毁文化，以求得真理。现代科学的统治依赖于一种去神秘化的破坏性策略，它首先在西方得以应用。我们可能会认为我们的文化胜过其他所有文化，但这意味着我们忘记了我们的文化已经被现在遍及全球的同一股力量（现代科学）所摧毁。"① 对于建设性，芬伯格认为，科学技术的普遍性是由资本主义的特征所限定的，而不是我们通常理解的"有用性"（工具性）。

科技作为一种强制力，展现出前所未有的影响力。丹尼尔·麦卡锡（Daniel R. McCarthy）担心"一种基于机器的全球文明"正在改变地球的面貌，消除民族的特殊性，形成一个单一文明体系。芬伯格对此进行了很好的回应，"技术的传播将会侵蚀世界各地各民族的许多文化传统，但随着越来越多的国家对技术创新作出贡献，世界发明宝库会越来越复杂"②。对于机器文明的危害，他也进行了说明。"以机器为基础的全球文明的观点的另一个令人担忧的地方在于，它认为未来文化完全是机器的。"他把公众参与看成一条出路。"在普遍化的现代技术中，公众发挥着一定的作用。它将可能与西方价

① 安德鲁·芬伯格、丹尼尔·麦卡锡：《科技、文化与批判理论——安德鲁·芬伯格访谈》，《哲学分析》2023 年第 6 期。

② 同上。

值观截然不同的文化价值观带入科学技术中。这同样是一个辩证的过程。"①以互联网为例，它在某种意义上是一种通用技术，尽管如此，我们仍看到各国围绕着开发不同类型的互联网技术，或建立技术的实然与应然的全球性具体规范展开竞争。各国将继续相互竞争，朝着不同的方向和不同的目的塑造技术。中国正符合这种情况。我国加快推进网络信息技术自主创新，推进网络强国建设。"世界主要国家都把互联网作为经济发展、技术创新的重点，把互联网作为谋求竞争新优势的战略方向。"②

另外，文化还可以改变技术的形态。西方发明的传真机，最初庞大而且昂贵，只有政府机关和工业界才负担得起。但是进入日本后，日本人使得这个机器成为消费品。"传真机在日本变得既小又便宜，就像那些盆栽和扇子一样。这一成果进入了世界技术文化领域，每个人、每个地方都可以使用它。小型化冲动影响了许多技术，如照相机和电话。我们是日本文化冲动的支流，就像他们是我们的许多文化冲动的支流一样，这些文化冲动已经被嵌入他们所使用的技术③。"佛教东传、"伊儒会通"、"新文化运动"、马克思主义和社会主义传入中国等则体现了中华文明同世界其他文明的交流互鉴，在

---

① 安德鲁·芬伯格、丹尼尔·麦卡锡：《科技、文化与批判理论——安德鲁·芬伯格访谈》，《哲学分析》2023 年第 6 期。

② 习近平：《论科技自立自强》，中央文献出版社 2023 年版，第 169 页。

③ 安德鲁·芬伯格、丹尼尔·麦卡锡：《科技、文化与批判理论——安德鲁·芬伯格访谈》，《哲学分析》2023 年第 6 期。

兼收并蓄中历久弥新的发展和改变。

马克思区分了科技本身以及科技应用活动。在他看来，科学本身是生产力，而应用科技的活动就构成生产关系，特别构成了现实的经济关系以及由此概括的经济范畴。在这一基础上，科技文化也可以区分为两类：与科技本身相关的创新文化以及与使用活动相关的情感反应文化。

第二节　创新文化：与科技本身相关的文化

习近平总书记在 2024 年的全国科技大会、国家科学技术奖励大会、两院院士大会上指出："坚持培育创新文化，传承中华优秀传统文化的创新基因，营造鼓励探索、宽容失败的良好环境，使崇尚科学、追求创新在全社会蔚然成风。"① 中华民族自古以来具有革故鼎新的创新精神。立足"两个大局"和当今世界科技革命产业变革浪潮，在全社会营造科技创新之风，培育创新文化土壤，赋能科技自立自强，建成科技强国意义重大。

一、创新精神

创新，是一种思维方式，也是一种精神品格。1999 年，江泽民

---

① 习近平：《在全国科技大会、国家科学技术奖励大会、两院院士大会上的讲话》，中国政府网，2024 年 6 月 25 日。

在第三次全国教育工作会议上提出"创新精神","我们必须全面贯彻党的教育方针，坚持教育为社会主义建设服务、为人民服务，坚持教育与社会实践相结合，以提高国民素质为根本宗旨，以培养学生的创新精神和实践能力为重点，努力造就有理想、有道德、有文化、有纪律，德育、智育、体育、美育等全面发展的社会主义事业建设者和接班人"①。可以看出，这里强调的是国家后备人才的创新精神的培养。2016 年，习近平不仅强调了创新精神的重要性，还从文化史角度阐述了创新精神在中华民族传统文化中早已有之。如中华民族是富有创新精神的民族、创新精神是中华民族最鲜明的禀赋。具体表现为形容中华民族从骨子里有创新意识。"周虽旧邦，其命维新"、"天行健，君子以自强不息。""苟日新，日日新，又日新。"2023 年，习近平在文化传承发展座谈会上提出了中华文明五个突出特性：连续性、创新性、统一性、包容性、和平性。"中华文明的创新性，从根本上决定了中华民族守正不守旧、尊古不复古的进取精神，决定了中华民族不惧新挑战、勇于接受新事物的无畏品格。"这些都说明了中华民族具有求新的民族特征。然而，这种创新精神在明朝后期逐渐衰落，与世界科技革命失之交臂，科技实力与西方社会差距不断拉大。新中国成立后，中国人民在中国共产党的领导下，勇攀科技高峰，创造了世界历史上一个又一个奇迹，形成了自身特色的科技文化，"中国高度重视科学普及，不断

---

① 《江泽民文选》第 2 卷，人民出版社 2006 年版。

提高广大人民科学文化素质"①。这在很大程度上推动了科技强国的建设。

党的十八大以来，习近平十分重视并多次阐述科技创新的作用和意义。"科技创新，就像撬动地球的杠杆，总能创造令人意想不到的奇迹。"②他引用科学家的话语来说明创新的重要性。李四光说："科学的存在全靠它的新发现，如果没有新发现，科学便死了。"雨果说："已经创造出来的东西比起有待创造的东西，是微不足道的。"不仅如此，习近平还分析了科技创新的过程性。在他看来，这个过程是持续的。"聪者听于无声，明者见于未形。""骐骥一跃，不能十步；驽马十驾，功在不舍。锲而舍之，朽木不折；锲而不舍，金石可镂。"③

创新是一个民族进步的灵魂，是一个国家兴旺发达的不竭动力，也是中华民族最深沉的民族禀赋。每一种文明都延续着一个国家和民族的精神血脉，需要薪火相传、代代守护，更需要与时俱进、勇于创新。

二、科学家精神

科学成就离不开精神支撑。科学家精神是科技工作者在长期科学实践中积累的宝贵精神财富。新时代党中央将科学家精神概括

---

① 习近平：《论科技自立自强》，中央文献出版社 2023 年版，第 168 页。

② 同上书，第 79 页。

③ 同上书，第 83 页。

为"胸怀祖国、服务人民的爱国精神，勇攀高峰、敢为人先的创新精神，追求真理、严谨治学的求实精神，淡泊名利、潜心研究的奉献精神，集智攻关、团结协作的协同精神，甘为人梯、奖掖后学的育人精神"①。这为我们认识和把握科学家精神的本质提供了根本遵循，也为我们研究和弘扬新时代科学家精神指出了方向。向李保国学习奉献，"心系群众、扎实苦干、奋发作为、无私奉献"②。向黄大年学习爱国，"学习他心有大我、至诚报国的爱国情怀，学习他教书育人、敢为人先的敬业精神，学习他淡泊名利、甘于奉献的高尚情操"③。向南仁东学习追求，"大力弘扬科学家精神，勇攀世界科技高峰，在一些领域实现并跑和领跑"④。还有具体行业的精神，比如罗阳"扎根航空装备研制一线，在急难险重任务中携手拼搏奉献，这种团结奋斗的精神非常可贵"⑤。

从追求真理的角度看，尽管科学家追求真理有不同的结局，但是他们根本上是捍卫科学的神圣性。有的人为了追求真理而失去了生命。布鲁诺因为捍卫日心说而被教会绑在柱子上烧死。"例如历史学家约翰·赫尔曼·兰道尔（John Herman Randall）在《现代思想

---

① 《关于进一步弘扬科学家精神　加强作风和学风建设的意见》，中国政府网，2019 年 6 月 11 日。

② 习近平：《论科技自立自强》，中央文献出版社 2023 年版，第 163 页。

③ 同上书，第 164 页。

④ 同上书，第 165 页。

⑤ 同上。

形态的塑造》一书中形容布鲁诺为新科学的殉道者，他的灵魂被哥白尼的新发现所燃烧。"① 当然兰西·佩尔斯（Nancy Pearcey）驳回了这种说法，他认为布鲁诺并不是科学的殉道士，而是被异教燃烧，他在传播更好的宗教，"他认为在隐士传统中的埃及多神教远比基督信仰高超"②。还有的人为了捍卫科学，而受到了不公正的待遇。伽利略就是一个代表，他因为捍卫日心说而被教廷审判。但是他比布鲁诺幸运，保住了性命。"典型的所谓宗教与科学对敌的例子就是伽利略。因为支持哥白尼和反对托勒密的天文学，使他与天主教的权威产生冲突。"③

从追求善良的角度看，科学家应该胸怀全球、胸怀天下。因为科学知识具有普遍性，这种知识自身的普遍性必然会对知识生产主体——科学家提出特别的要求：知识以人为本，具有善的指向。此外，科学家的道德境界也是非常重要的。爱因斯坦是位伟大的科学家，他提出了 $E=MC^2$ 的公式。他意识到这个公式具有极大的应用价值，能够制造出威力巨大的炸弹。他心中怀有正义的观念。在听说纳粹国家正在利用公式研制炸弹，他异常担忧。于是给罗斯福总统写信建议美国抓紧研制原子弹，并且提供了一系列建议。这个行为明显体现了他对于正义的支持以及对邪恶一方的谴责。然而，他又

---

①　［美］兰西·佩尔斯等：《科学的灵魂：500 年科学、信仰、哲学的互动史》，潘柏滔译，江西人民出版社 2006 年版，第 41 页。

②　同上书，第 42 页。

③　同上书，第 82 页。

预见了原子弹给全人类带来的伤害。从这种情感出发，他开始担心炸弹的后果。当他看到各种媒体公布的原子弹爆炸后的伤害讯息后，他非常悔恨。在爱因斯坦身上，我们可以看到两种道德情感：一种是对于正义的支持以及对于邪恶的谴责；另一种是技术应用对于人类的伤害。生命伦理中有不伤害的原则，指一种技术在应用中不伤害人类，比如芯片植入技术在植入人体的时候要减少对人类有机体的伤害。然而运用在战争中的技术恰恰违背了这个原则，追求最大杀伤。相比冷兵器，现代武器如机枪、大炮等对人造成的伤害极大，各种奇怪的地雷武器更是如此。但这些还是在常规武器内。对于非常规武器来说，伤害性更大，如 20 世纪 40 年代的细菌武器、50 年代的原子弹以及今天的自动武器更是如此。这也说明科学发展过程中追求道德善的复杂性。对于一些科学家来说，最大伤害原则是要坚持的。而对于大部分科学家来说，不伤害原则则是根本的原则。但是这些原则对于不同立场的科学家却构成了极大的难题。

从追求美的角度看，基础研究的科学家往往喜欢把这个原则放到与真理同等重要的位置。数学家、物理学家、化学家似乎有着共同的品质。物理学家对于美的追求是无比狂热的。甚至基础物理学家发出这样的呼声："让我们先来关心美吧，真用不着我们操心！"[①] "自然的基本设计是美的和简单的这一信念依旧能够深入物理

---

①〔美〕阿·热:《可怕的对称——现代物理学中美的探索》，荀坤等译，湖南科学技术出版社 2002 年版，第 10 页。

学家的骨髓。"① 在阿·热看来，物理学家用对称性来破解自然的基本设计，而从根本上来说，这是美的一种表达。达拉克是一位把美放在物理学重要位置的学者。但是对从事应用科学的科学家来说，美并不是很重要的要求。比如一座桥梁最重要的是科学性和安全性，美观反而只是设计学上的要求。

科学家精神是中国科技奋斗史背后的精神力量。中国科技事业取得的历史性成就，是一代又一代矢志报国的科学家前赴后继、接续奋斗的结果。大力弘扬新时代科学家精神，为建成科技强国汇聚磅礴力量。

第三节　科技向善：与科技使用相关的文化

在古希腊，对科学技术的看法充满了辩证特征，即科学既是毒药也是解药，但是进入启蒙与理性时代，科技是善、进步的看法逐渐占据主导；这种主导压制了科学具有恶的一面特征。科技向善是使用科技、构建开放创新生态中的不可缺少的环节之一。"深度参与全球科技治理，贡献中国智慧，塑造科技向善的文化理念，让科技更好地增进人类福祉，让中国科技为推动构建人类命运共同体作出

---

① ［美］阿·热：《可怕的对称——现代物理学中美的探索》，荀坤等译，湖南科学技术出版社 2002 年版，第 15 页。

更大贡献!"① 可以说,"科技向善"是适合科技强国的文化理念,坚持这一理念既能利用科技利器,也能防范科技风险。

一、历史中科学的辩证规定

对科学、技术的辩证论述可以追溯到柏拉图。在柏拉图看来,文字、技艺等既是毒药也是解药。柏拉图在《斐德罗篇》中讨论了书写的神话诞生。"修斯说:'哦,大王,这种学问能使埃及人获得更多的知识,具有更多的智慧和记忆。使人智慧和拥有更多记忆的药已经找到了。'"这里的学问是文字书写。后来这个典故又被法国哲学家保罗·利科分析历史的属性。"要实现这个愿望,就必须驱除这样一种疑虑,即历史对于记忆而言是有害的,就像神话中的药所表明的,而关于这个药,我们到最后都不知道它到底是良药还是毒药,或者同时是这两者。"② 柏拉图的这个辩证讨论只有在当代才重新浮现,而中间则经历了突出正面属性也就是科技带来的进步、启蒙、理性等特征,只有在 20 世纪关于科学的被掩盖的恶及破坏的特征才被揭示出来。

二、西方对科学恶与善的认知

科学在一定程度上具有破坏性。黑格尔从哲学角度分析了破坏

---

① 习近平:《论科技自立自强》,中央文献出版社 2023 年版,第 11、12 页。
② [法]保罗·利科:《记忆,历史,遗忘》,李彦岑、陈颖译,华东师范大学出版社 2018 年版,第 186 页。

自身的本质。在《伦理体系》中提"自为的毁灭",在他看来,自为的毁灭是自然的毁灭,或者无目的的破坏,"这种毁灭就是浩劫。因此,在人类世代中文明与毁灭交替出现。当文明长期肆意地破坏无机自然,并从各个方面规定它的无形式性时,那么这种被碾碎的无规定性就会爆裂四散,野蛮性的破坏也将侵袭有文化的东西,将之清除,使得一切变成自由的、平均的和平等的"①。那么,具有破坏性的科学技术是否是一种无形式的东西?黑格尔用了东方成吉思汗和帖木儿的例子给予这个问题答案:"他们就像上帝的扫帚,将整个世界的所有地区扫了个白茫茫一片真干净。"科学、科技创新发展既有破坏也有建设。科学是一种方法,它摧毁心灵、部落的偶像,摧毁文化。"我们可能会认为我们的文化胜过其他所有文化,但这意味着我们忘记了我们的文化已经被现在遍及全球的同一股力量(现代科学)所摧毁。"②基于这样的分析就不难发现,社会发展的过程是一个理性和现代性发展的过程,其本质也是可以和创造性破坏过程关联在一起。

在探讨科学价值时,其科学之恶的负面效应往往被遮蔽。换言之,人们倾向于将问题归咎于人类的使用行为,而非科技固有的属性。在应用过程中,技术被视为中性的工具,缺乏自主意识。尽管这一点显而易见,但在对后果的认知上却显得模糊不清。人们试图

---

① [德]黑格尔:《伦理体系》,王宏志译,人民出版社2020年版,第40页。
② 安德鲁·芬伯格、丹尼尔·麦卡锡:《科技、文化与批判理论——安德鲁·芬伯格访谈》,《哲学分析》2023年第6期。

通过维护责任主体来捍卫人类的主体性，然而在面对技术带来的不良后果时，这种辩护则无法自圆其说。美国历史上的控枪运动、中国历史上的禁烟政策，以及各种禁止武器、限制酒精消费、监管网络等措施，均反映了人们在认识上的不稳定性。

16 世纪人们认为科学能够给人带来益处。科学与技术是现代现象，也是现代性典型的形式，在观念上就表现为对科技的肯定和对知识的崇尚。而 16、17 世纪培根"知识就是力量"的观念早已深入人心，真理和真实给予人们无比强大的信念。随着牛顿科学、达尔文进化论的出现，人们对科学开始变得崇拜。"我们有充足的证据表明，达尔文所处时代的科学家和其他思想家认为他的进化论和自然选择理论是革命性的。"① 达尔文革命产生的影响是很大的。"达尔文革命大概是科学中曾经发生过的最重要的革命，因为它的效果和影响在许多不同思想和信仰领域都是深远的。这场革命的结果是对世界、人和人的制度的本质重新进行了系统的思考。达尔文革命对世界产生了新的看法，它把世界看作动态的、进化的世界，而不是静态的、有系统的世界，并且认为人类社会是以一种进化的模式向前发展的。"② 达尔文的进化论在很大程度上也影响了马克思和恩格斯。"马克思在其他著作中称赞达尔文时是慷慨的、没有保留的。"③ 在马克思看来，《自然选择》为历史唯物主义提供了自然史的基础，

---

① ［美］科恩：《科学中的革命》，鲁旭东等译，商务印书馆 1999 年版，第 364 页。
② 同上书，第 375 页。
③ 同上书，第 433 页。

为历史身上的阶级斗争提供了自然科学根据。当然，还有一本特雷莫的著作《人类和其他生物的起源和变异》(1865年)对他们产生了更重要的影响，在马克思看来，这本书是"非常重要的著作"，"比起达尔文是一个非常重大的进步。"①

对于这种转变我们可以看作从崇拜到理性的转变，对于19世纪的思想家来说，他们把科学看作论证所需要的思想基础。对于反思批判来说，科学又仿佛一剂良药，提供了可靠的思想基础。

三、现代中国对于科技善恶的判断

随着科学技术的发展，中国对科技发展、科技善恶给予关注和部署。

一方面，处理好"科技是魔鬼还是天使"。科技既带来机遇，也带来风险。这些都是对科技价值属性的描述。"我们一定要认识到，古往今来，很多技术都是'双刃剑'，一方面可以造福社会、造福人民，另一方面也可以被一些人用来损害社会公共利益和民众利益。"② 科技是发展的利器，也可能成为风险的源头，因此需要前瞻研判科技发展带来的规则冲突、社会风险、伦理挑战，并完善相关法律法规、伦理审查规则及监管框架。比如在生物技术上，就体现得非常明显。生物技术目前做到了认识生命、改造生命、合成生命

---

① [美]科恩:《科学中的革命》,鲁旭东等译,商务印书馆1999年版,第434页。
② 习近平:《论科技自立自强》,中央文献出版社2023年版,第129页。

和设计生命，给人类带来福祉也带来生命伦理的挑战。

另一方面，坚持科技向善的观念。如今科技向善上升到文化理念层面，服务于人类福祉。这个观念背后的设定是工具论的，即人们使用中立的工具达到自身的目的。在这个过程中，科技向善只是一种表面简称，其背后真正的深义是人类向善。如今在科技飞速发展的今天，对于很多企业人士、科学家、发明者、工程师来说，的确需要从主体责任上强化这种意识，使得意识能够润入自身的实践活动，最终让科技更好地增进人类福祉、尊重生命权利、坚持公平公正、合理控制风险等。科技活动应以人民为中心，促进经济发展、社会进步、民生改善和生态环境保护，同时尊重人格尊严和个人隐私，保障科技活动参与者的知情权和选择权。

四、使用科技的致恶后果

科技是生产力，而应用科技的活动就构成生产关系，特别构成了现实的经济关系以及由此概括的经济范畴。科技是否得到合乎理性的应用以及是否误用和滥用对于科学技术的发展、科技强国的建设都意义重大。有必要逐一展开简要分析。

一是科技的合乎理性的使用。首先是"技顺乎道"，一切科学技术实践都应该以符合人类基本道德原则为前提和归宿，即科技求真符合道德伦理之善。这是科技伦理的底线原则。其次是"技进乎道"，科学技术的求真实践本身能够不断切近道德伦理之求善目标。最后是"技达乎道"，科学技术实践达到求真与求善的高度统一境界，如果将科技与艺术审美的关联纳入整体考量，则可谓科技实践的真善美统一。[①] 科技的合理使用指克服道德情感影响科技的使用，即在使用科技的过程中不受好恶影响。合理使用还可以指根据法律和制度使用科技的活动。2023 年 7 月，国家网信办联合国家发展和改革委员会、教育部、科技部、工业和信息化部、公安部、广电总局公布《生成式人工智能服务管理暂行办法》。《办法》对生成式 AI 的使用作出明确规定，"生成式人工智能技术，是指具有文本、图片、音频、视频等内容生成能力的模型及相关技术；生成式人工智能服务提供者，是指利用生成式人工智能技术提供生成式人工智能服务（包括通过提供可编程接口等方式提供生成式人工智能服务）的组织、个人"。采取有效措施鼓励生成式人工智能创新发展，对生成式人工智能服务实行包容审慎和分类分级监管，明确了提供和使用生成式人工智能服务总体要求。

二是科技的违背理性的使用。这种使用包括科技滥用和科技误用。

（一）科技滥用：在世界卫生组织的滥用定义中，滥用是与可接受的医疗实践目的不一致或者不相关的现象，主要特征是根据非治疗目的使用某种物质来获得精神（如狂喜的、镇静的、抗焦虑）后果。[②]

---

① 万俊人：《理性认识科技伦理学的三个维度》，新华网，2022 年 2 月 14 日。

② Shannon M. Smith et al. "Classification and Definition of Misuse, Abuse, and Related Events in Clinical Trials: ACTTION Systematic Review and Recommendations," *Pain*. Vol. 154, Nov. 2013.

按照这种说法，利用莫达非尼等药物实现认知增强的做法就属于药物滥用。如果把这个定义进行扩展，放到科技领域，就可以作为科技滥用的规定性。科技滥用是指对科技产品的使用脱离了研发者的本意初心，脱离了立法者的法律法规，脱离了传承的文化观念或者伦理价值观念。

（二）科技误用：科技误用就是对科技产品的错误使用或者不正确的使用。从世界卫生组织的误用定义可以看出，这一行为的产生主要是取决于依据，一种伦理法则、价值观念或者政策制度或者法律法规。在药物乱用的情况中，患者不遵医嘱服用药物。在社会实践活动中，不遵循法律法规而进行活动，也就是违法乱纪的行为。所以从使用的根据来看，滥用和误用是没有区别的，都是违背了法律法规。滥用和误用的区别是非常细微的，滥用是描述性定义，对根据和本意的偏离，其侧重点是一种客观情况。而误用则是评价性定义，是指第三者对于使用活动本身的评价，包括对科技本身的评价。

科技滥用是偏离法规、制度的结果，科技误用则是评价性的，该评价行为指向的是使用科技的活动。澄清了这一点，我们就不会将滥用、误用给予不加区分的使用，科技伦理活动规范的对象也变得明确起来。当然，在这里针对偏离已有的成熟规范和法律，则需要强调法律法规，加强宣传。需要尽快制定相应的法律法规。前者是做到遵守，后者是做到立法。只有这样才能克服出现的问题。

当然，要分析科技领域中的滥用和误用，还要注意到具体的情况。非常成熟的医学伦理领域，药物的滥用、误用是有非常清晰的定义的。至少有三个层次的规则引导着药物使用。第一，与药物医疗有关的法律法规。这些对医疗行为作出了规定；第二，看病医生会根据病情诊断开具处方。比如我们到医院看病开药，医生会开具处方，上面列出诊断与治疗药物；第三，药房医生一般根据医生处方出药，病人拿到药物，打开药盒，会看到说明书，说明书会详细记录药物的成分、原理、作用、副作用等专业内容；此外，药房医生会给药盒上贴上服用便签，详细说明药物的服用时间和方式。按照医生的处方、服用便签服用药物就不会出现滥用和误用现象。如果不按照处方抓药、服用药物，那就是药物的滥用。但是在 AI 领域，这一切都变得模糊。首先是中国有信息技术、网络等方面的法律规范，但缺乏 AI 法规。这使得很多 AI 企业活动缺乏限制。其次是 AI 产品缺乏产品说明书，这使得一些非企业组织做出了很多民间版的技术说明书。再者，缺乏产品布局的说明文件。这些东西的缺失使得 AI 技术的应用缺乏法律约束、技术规定，因此，在这种情况下，使用行为难以得到明确的规定，尤其是滥用行为。

第四节　科技强国背景中的科技伦理诉求

当我们对科技以及使用科技的活动做了区分之后，对使用行为进行区分和分析就十分必要。在科技强国战略的背景下，这种区分不仅有助于我们更清晰地理解科技的本质，而且对于指导科技实践具有重要的意义。在明确科技与科技应用之间的界限之后，进一步对使用科技的行为进行深入的区分和分析就显得尤为必要。通过这样的分析，我们可以更好地识别和评估科技应用中可能出现的伦理问题，从而在科技强国的建设过程中，确保科技的发展和应用能够符合伦理道德的要求，促进社会的和谐与进步。

一、负责任创新

负责任创新（responsible innovation，也称 responsible research and innovation，RRI）正成为欧美国家的技术发展理念。2011 年欧洲委员会（European Commission）发布《地平线 2020》（Horizon 2020）报告，首次将"负责任创新"列为欧盟战略发展重要内容。2013 年，又发布《加强负责任创新》（Options for Strengthening Responsible Research and Innovation）报告，系统阐述负责任创新的理论框架与公共政策选择路径。杰伦·范·德·霍文（Jeroen van den Hoven，又译杰伦·冯·登·霍温）是代尔夫特理工大学（Delft University of Technology）哲学系教授，荷兰当代著名技术伦理学家。他参与的荷兰研究委员会提出的负责任创新项目开始于 2007 年，是迄今为止荷兰研究委员会运行时间最长的项目，总投入大约三千万欧元。负责任创新与以"价值设计"为主的一些相似的概念，比如"有意义的人类控制"（meaningful human control）、"价值敏感性设计"（value sensitive design，简称 VSD）和"道德物化"

（materialization of morality）等，似乎都强调利益相关者、价值、互动、包容、设计和过程；张春美从规范性、实体性和工具性等三个维度分析了负责任创新的内涵，[①] 这个观念已经作为伦理框架运用于各类技术的管理。

这种现代观念有其学理的源头。"负责任的使用"是针对主体合乎理性的使用的进一步规定。在人类理性的理解上，康德贡献最大，他最出名的著作是他的三大批判《纯粹理性批判》《实践理性批判》和《判断力批判》，构成他整个哲学体系的核心内容。负责任的使用是源自实践理性的一个范畴，其本意是能够作为责任主体存在，也就是说伦理主体为自己的行为负责，承担起相应的责任。在当代对"负责任的使用"的解释来自约纳斯（Hans Jonas，1903—1993），责任是对他者而言的责任。他者包括自然环境、后来人。约纳斯形成了两种责任：一种是对于环境的责任；另外一种是对于后代人的责任。

对于大多数科技使用活动，使用者要按照某种法律法规来使用相应的科技产品。比如在中国，处理数据的活动可以依据2021年6月10日十三届全国人大常务委员会第二十九次会议通过的《中华人民共和国数据安全法》。数据处理包括个人或者组织对数据的收集、存储、使用、加工、传输、提供、公开。2022年，国家互联网信息

---

① 张春美：《"负责任创新"的伦理意蕴及公共政策选择策略》，《自然辩证法研究》2016年第9期。

办公室等四部门发布《互联网信息服务算法推荐管理规定》，规定算法推荐服务提供者要做到：

应当坚持主流价值导向，积极传播正能量，不得利用算法推荐服务从事违法活动或者传播违法信息，应当采取措施防范和抵制传播不良信息；建立健全用户注册、信息发布审核、数据安全和个人信息保护、安全事件应急处置等管理制度和技术措施，定期审核、评估、验证算法机制机理、模型、数据和应用结果等；建立健全用于识别违法和不良信息的特征库，发现违法和不良信息的，应当采取相应的处置措施；加强用户模型和用户标签管理，完善记入用户模型的兴趣点规则和用户标签管理规则；加强算法推荐服务版面页面生态管理，建立完善人工干预和用户自主选择机制，在重点环节积极呈现符合主流价值导向的信息；规范开展互联网新闻信息服务，不得生成合成虚假新闻信息或者传播非国家规定范围内的单位发布的新闻信息；不得利用算法实施影响网络舆论、规避监督管理以及垄断和不正当竞争行为。①

不仅如此，算法推荐服务提供者还要对用户负责：包括保障算

---

① 《互联网信息服务算法推荐管理规定》，中华人民共和国国家互联网信息办公室网、中央网络安全和信息化委员会办公室网，2022 年 1 月 4 日。

法知情权，要求告知用户其提供算法推荐服务的情况，并公示服务的基本原理、目的意图和主要运行机制等；保障算法选择权，应当向用户提供不针对其个人特征的选项，或者便捷的关闭算法推荐服务的选项。

二、科技向善

科技向善并不是一个严格的哲学概念，而是一种来自企业实践的伦理观念。"科技向善（tech for social good）最早提出于 2013 年，提倡并令这一概念开始流行的是保罗·米勒（Paul Miller）和他的企业项目实践。"① "企业科技向善的涵义就是作为企业的经营理念，企业科技创新及应用时应规避因技术本身发展带来的问题和解决社会、经济和环境存在的问题，旨在通过良性可持续的社会价值创造，实现以人为中心的美好生活构建和促进社会公平正义。"②

2021 年 5 月 28 日，习近平在中国科学院第二十次院士大会、中国工程院第十五次院士大会和中国科学技术协会第十次全国代表大会上，强调科技向善的问题："要深度参与全球科技治理，贡献中国智慧，塑造科技向善的文化理念，让科技更好增进人类福祉，让中国科技为推动构建人类命运共同体作出更大贡献！"③ 后来在发展

---

① 李巧华等：《企业科技向善：概念、逻辑起点与实践路径》，《科学学研究》2022 年第 3 期。

② 同上书，第 701 页。

③ 习近平：《论科技自立自强》，中央文献出版社 2023 年版，第 11—12 页。

科学技术的全球视野语境下，习近平再次重申这一理念："加强知识产权保护，营造一流生态，塑造科技向善理念，完善全球科技治理，更好增进人类福祉。"① 科技向善是作为一种国家层面文化理念存在的，通过伦理和治理让科学技术能够更好地增进人类福祉。

目前，人工智能科技企业在践行科技向善方面作出了不少努力。他们试图使用这一原则来规范人工智能的研发活动。2017 年，腾讯张志东提出，科技向善是一种产品能力，他将"科技向善"确立为使命愿景，积极将人工智能与现实场景相融合，力图用人工智能服务社会，不仅将人工智能技术应用于工业质检、智能制造等产业场景，还应用于医疗、助老、生物多样性保护、农业等多个社会领域。② 他们主要从案例研究、课题研究、举办论坛和构建联盟等角度推进这一愿景。

"智能时代正在到来。AI 技术及其算法是对人类智力的模拟和发展，但它同样继承乃至扩散了人类社会的固有偏见。性别、种族等因素在算法决策中产生了'诡异'的影响，这些问题却在技术门槛和'黑箱效应'下被藏匿。算法正义联盟（Algorithmic Justice League）正是瞄准这一问题的国际非政府组织。它通过研究取证、多样化互动来普及偏见的存在及影响，将一个隐而不显的问题推向了社会瞩目的舞台；并先于大多数企业和政府，开发出一套人脸技

---

① 习近平：《论科技自立自强》，中央文献出版社 2023 年版，第 260 页。
② 《科技向善 | Tech for Good》，腾讯研究院网。

术的使用承诺，力争更多开发者加入。在应对智能技术可能带来的前所未有的社会冲击中，算法正义联盟站在了一个黏合多方的特殊位置，在整合共促问题解决上树立了一个典范。"① 这个案例讨论的焦点是算法的偏见，比如如何避免偏见因素对决策产生的不利影响。算法正义联盟通过多种方式来普及偏见影响，并且极力应对这种冲击。

三、科技引领可持续发展

可持续发展作为一个世界性口号大概出现在 20 世纪 80 年代，其内涵逐渐表现为既满足当代人发展需要，也不损害后代人发展的需要。1995 年，可持续发展战略成为国家重大战略并付诸实施。1995 年 9 月，在党的十四届五中全会上，江泽民指出："在现代化建设中，必须把实现可持续发展作为一个重大战略。要把控制人口、节约资源、保护环境放到重要位置，使人口增长与社会生产力的发展相适应，使经济建设与资源、环境相协调，实现良性循环。"在党的十五大上，江泽民重新强调了我国在现代化建设中必须实施可持续发展战略。1996 年 3 月，第八届全国人民代表大会将可持续发展作为重要指导方针和战略目标上升为国家意志。1997 年党的十五大进一步明确将可持续发展战略作为我国经济发展战略之一。2005 年，温家宝在 "21 世纪论坛" 会议上作《走科学发展道路实现可持续发

---

① 《科技向善案例研究》，腾讯研究院网。

展》的演讲，重申了中国政府关于可持续发展的一贯主张。2007 年
10 月，党的十七大报告强调，必须坚持全面协调可持续发展。2009
年温家宝提出，我们已把建设创新型国家作为战略目标，把可持续
发展作为战略方向，把争夺经济科技制高点作为战略重点，正逐步
使战略性新兴产业成为经济社会发展的主导力量。我们要更加重视
基础研究和战略高技术研究，要进一步深化科技管理体制改革，真
正让科技引领和支撑中国的可持续发展。① 进入 2010 年以来，我国
更加坚定不移地走可持续发展的道路，将千年发展目标作为约束性
指标全面融入国家规划，实施千年发展目标取得令人可喜的成就，
为全球可持续发展作出了巨大的贡献。比如对外中国积极参与 2015
年后发展议程的相关筹备工作；中国郑重承诺加强国际合作，积
极落实 2030 年可持续发展议程。对自身而言，在创新、协调、绿
色、开放和共享的新发展理念指导下，制定《中国落实 2030 年可持
续发展议程国别方案》。这些都是为实现 2030 年可持续发展的目标
努力。

　　在学术界看来，可以把可持续发展在 1978 年以来的发展概括
为四个阶段：环境保护的启蒙阶段（1972—1991）、可持续发展国
家战略确立和实施（1992—2000）、实现 4 年发展目标的努力和成
绩（2001—2015）、迈向 2030 年可持续的新征程（2015—　　）。② 然

---

① 温家宝：《让科技引领中国可持续发展》，《中国科技产业》2009 年第 12 期。
② 陈迎：《可持续发展：中国改革开放 40 年的历程与启示》，《学术前沿》2019
年第 3 期。

而，这种观念对 2015 年后的情况做的阐述是一个政治宏大叙事，显得抽象，和我们所处的智能时代没有关系。还需要结合智能时代作出阐述。进一步说，人工智能技术引发的新的环境问题比如碳排放、水资源利用等，更需要可持续发展理念作为指引。可以说，这一观念在智能时代还需要更多新的解释。因此，科技进步是可持续发展的关键和保障。"提高生产率、技术文明和生物圈的协调是一致的，社会改革方案认为可持续社会将成为一个新的文化发展阶段，经济活动要努力在质量上改进，人类生活方式更能满足自身的需要。稳定人口增长，消灭贫困，促进社会发展，需要更多的全球合作和地方社区的新生。十四届五中全会提出我国要实施两个根本性的改变，这是实施现代化强国的战略抉择。上面从三个发展模式①的分析看出，依靠技术的进步，这是实施可持续发展战略的关键。"②这种关键一直持续到今天。

　　以上我们从三个方面分析了科技强国背景下科技向善的这一伦理诉求，具体表现为科学家和工程师要有责任心，有担当，这样科学技术才可以做到负责任；从企业角度看，开放和利用科技产品的活动有一个向善的指向，造福社会和人民；从科技本身来看，要能够引领社会的可持续发展。

---

　　① 模式 1 是采用污染控制措施的同时经济继续增长，模式 2 是技术改革，提高资源能源利用率，模式 3 是社会改革。

　　② 许百川：《科技进步和社会改革是实施可持续发展的保障》，《环境科学动态》1996 年第 6 期。

四、科技对于人类尊严的维护可能性

当我们提到科学技术的伦理诉求的时候，还要防止一种成见的产生：科学技术自身会有向恶、不可持续的、不负责任的使用。我们也许还要注意到科学技术具有的对于人类的伦理价值的维护。这一点随着人工智能、人机融合的发展而更不可被忽略。例如，在医疗领域渐冻症患者接受护理及其临终关怀问题。在照料过程中，自身的感受性是非常复杂的。但是不能因此将一时的感受状态看作是判断的依据，而是要将感受状态看作一个循环的结构：因为脆弱，所以敏感，因为敏感，所以脆弱，因此形成一个恶性循环系统。此外，再加上感受的意向性特征，敏感、猜疑、不信任会加剧不舒适的感受，会强化自尊被侵犯的感觉。把智能技术引入老年看护、临终关怀或许是一个好的选择：主体面对技术的时候，感受意向性会被大大削弱，因为人不会对技术产生猜疑，也不会敏感，虽然不信任会存在。但是当试用了几次后，这种不信任或者担心会大大削弱。更重要的是，技术会打破这种感受循环结构，尽管脆弱，但是面对技术，不再敏感，因为不再敏感，所以逐渐变得坚强。在这种情况下，技术会呈现出一种其他的伦理效应，不再是简单地侵害人类尊严，而是有效地维护了尊严。

从本质上看，科技向善是一个价值评价问题，评价科学技术的伦理指向，这对于科技创新来说，也是至关重要的。"要改革科技评价制度，建立以科技创新质量、贡献、绩效为导向的分类评价体系，正确评价科学创新成果的科学价值、技术价值、经济价值、社会价值、文化价值。"[1] 要做到这一切，有很长的路要走，很多问题有待于解决。

---

[1]　习近平：《论科技自立自强》，中央文献出版社 2023 年版，第 205 页。

第八章　区域科技创新中心建设与科技强国战略

习近平指出，发展科学技术必须具有全球视野。[①] 这意味着对科技史把握的时候，能够窥探到科技中心转移的世界空间特征；也意味着对科学技术本质把握的时候，看到科学技术根本上并不是孤立发展的现象，要从全人类的高度思考福祉。在世界科技强国中，很多国家的区域特征是非常明显的。比如美国西部海岸的硅谷。从科技区域中心角度看，要做到区域和国际兼顾。"统筹推进国际科技创新中心、区域科技创新中心建设。"[②] 杜德斌认为，地理位置对创新十分重要，在创新领域，地理位置决定命运。[③] 孙福全认为遵循创新区域高度集聚规律的结果必然是优化国家战略科技力量的

---

① 习近平：《论科技自立自强》，中央文献出版社2023年版，第260页。

② 习近平：《高举中国特色社会主义伟大旗帜　为全面建设社会主义现代化国家而团结奋斗——在中国共产党第二十次全国代表大会上的报告》，人民出版社2022年版，第35页。

③ 杜德斌：《地理位置对创新有重要影响》，新浪财经网，2012年11月3日。

空间布局。①

第一节　区域科技创新中心

全球科技创新中心的成长路径和形态类型多种多样，而区位往往是影响全球科技创新中心成长和发展的决定性因素。我国的科技创新中心是从国际—区域的角度来看的，国际科技创新中心意味着一种更高的要求。我们从科技创新中心的定义及历史发展来看这个问题。

一、科技创新中心的内涵与发展

美国《连线》杂志认为"创造新技术的能力、老牌公司和跨国公司发展及扩大影响力、公众创办新企业的积极性、获得风险投资以进入市场的可能性"是国际科技创新中心的四个特征。这个定义对科技创新中心的历史有要求，"老牌公司"是一个很含混的定义。我们如何定义一个公司的老旧？在中国有很多老字号，这些从时间上来说具有百年历史，可惜的是，慢慢凋零在历史的长河中。此外，这个定义的问题在于将科技创新中心看作一个自主的对象，而没有考虑到它是一个社会体系中的存在。科创中心的进化被很多因素决定，自身的创新能力、交往模式和影响力及外部资金的支持以及最

---

① 孙福全等：《科技强国建设模式、路径与对策》，科学出版社 2023 年版，第161 页。

终的市场接纳性。此外对于文化因素也完全缺乏考虑。

国内学者也提出自己关于科技创新中心的定义。如杜德斌将"全球科技创新中心"界定为科技创新活动的影响波及全球，成为引领世界科技—产业范式变革的源头城市。[①] 这个定义只是描述了特征，如影响全球、产业变革源头，并没有对本质作出分析。方力等人认为，国际科技创新中心可以定义为这样一个城市或地区，其拥有国际前沿科学研究能力的高水平科学家、大学、科研机构，具备将前沿科技成果产业化并推动经济增长能力的优良生态。[②] 方力的定义可以说将国家战略科技能力的构成要素考虑在内，更加合理。

二、科技创新中心的类型与成长路径

麦肯锡将科技创新类型划分为三种（见表1）。[③]

表1

类　型	特　征	代　表	成长路径
Heroic bets 英雄式的投入	大型的政府主导，取决于政府的决策和判断	新竹、新加坡、德累斯顿	自上而下，政府大量投资，给予政策支持

① 杜德斌：《上海建设全球科技创新中心的战略路径》，《科学发展》2015年第1期。

② 方力等：《国际科技创新中心的典型特征与运行逻辑》，《科技智囊》2023年第1期。

③ Where Will the World's Primary Centers of Innovation Be? https://www.thersa.org/globalassets/pdfs/city-growth-commission/evidence/mckinsey-where-will-the-worlds-primary-drivers-of-innovation-be.pdf.

续表

类　型	特　征	代　表	成长路径
Irresistible deals 不可抗拒的交易	具有明显的优势，吸引众多跨国公司进入	首尔、班加罗尔	能够吸引已成功公司，通常是外国公司，向利用当地资源如廉价劳动力资本化获取当地市场。当措施有效时，区域能够在这个基础上带来更大的收益，比如从制造到基本工程再到设计创新。该区域需要创立鼓励知识转移的机制
Knowledge oases 知识堡垒	知识聚集，国家战略科技力量要素齐全，如国家科研机构、高水平研究型大学、科技领军企业、国家实验室	硅谷、纽约	吸引世界一流人才和资本、注重知识的产品化过程，此地区具有高质量的要素，如研究型大学、国家实验室等。这些地方通过技术突破实现资本化取得商业成功。它需要当地吸引资本、企业技巧，在理念创新和商业化之间架起桥梁

第一种模式是政府主导型，通过政策设立、资金投入以及设立项目等方式发展而成。中国有三个国际科技创新中心：北京、上海、粤港澳大湾区。《粤港澳大湾区发展规划纲要》明确提出，将粤港澳大湾区打造为具有全球影响力的国际科技创新中心。这显示了中国要打造国际科技创新中心是政府主导的第一种模式。

第二种模式是自带流量型。该地区有丰富的物质资源和人力资源优势，会吸引众多跨国公司企业进入。在智能时代，各种大模型人工智能企业要去的地方必须考虑一个水资源，因为要用水作为冷却剂，对服务器进行散热。所以如果一个地方有丰富的水资源，会对上述企业产生极大的吸引力。

第三种模式是知识聚集型。该地区具有一流的战略科技力量要素，如研究型大学、国家实验室、科技领军企业和国家科研机构。

三种模式是从不同角度划分的，政府主动型偏重的科技创新中心的推动力量以政府为主，而避免了市场自发的离散性质。而在政府推动下，各种资源可以有序地、合理地配置，当然存在时间周期长，行政审批繁琐的问题，会导致企业等不起的问题。自带流量型是从资源角度来说的，就像一个地方是洼地，高处的水自然会流到一起。知识聚集型是一个描述概念，实际上是政府布局和市场调节的整合结果。

三、中国科技创新中心成长探索

在对中国科技创新中心的研究上常使用的方法是比较研究。廖明中比较了硅谷、波士顿、纽约、特拉维夫、新加坡等地的创新实践及演进特征，并指出，全球创新范式经历了从封闭式创新到开放式创新和跨组织共生式创新的过程。[①] 值得重视的是，这篇文章指出贝尔实验室（Bell Labs）、施乐帕洛阿托研究中心（Xerox PARC）等都是传统封闭式创新的标志性产物。孙福全从三个方面分析了优化国家战略科技力量的问题。一是加快北京怀柔、上海张江、安徽

---

① 廖明中、胡彧彬：《国际科技创新中心的演进特征及启示》，《城市观察》2019年第 3 期。

合肥等综合性国家科学中心和粤港澳大湾区综合性国家科学中心先性启动区建设；二是支持北京、上海、粤港澳大湾区加快形成国家科技创新中心，推动京津冀、长三角和珠三角等重点区域率先实现高质量发展；三是支持有条件地方建设区域科技创新中心。"加快建设成渝全国影响力科技创新中心和武汉全国科技创新中心，研究推动西安、沈阳和郑州等建设具有全国影响力的科技创新中心，不断完善国家科技创新中心布局。"① 可以看出，科技创新中心的建立并不能单独用某个路径来概括，而是综合了第一种和后面两种模式的特征：从政府主导到帮助它们形成自身的吸引力。陈强分析了两类科创中心起到不同的作用。在京津冀、长三角、粤港澳等经济发达、科技资源富集的区域，通过加强区域创新协同，可以集中区域内的优势力量和有利条件，快速形成重点领域从科技创新到产业突破的体系化能力，打造世界级创新产业集群，代表国家参与全球科技和产业竞争。区域创新协同是一个面向诸多不确定性的渐进过程，首先要在使命和愿景层面引发共鸣，而后逐步达成行动层面的共识，再到责任共担和资源共享，最终实现科技创新共同体的共建和共治。②

在建设科技创新中心上，有一种做法需要引起反思：就是构建

---

① 孙福全等：《科技强国建设模式、路径与对策》，科学出版社 2023 年版，第161 页。

② 陈强：《科教兴国：以"三个第一"提升国家创新体系整体效能》，《解放日报》2022 年 10 月 31 日。

科创中心各种指标评测。前面已经指出至少 3 个评测指标。清华大学［联合施普林格·自然集团（Nature Research）］发布的《国际科技创新中心指数》从科学中心、创新高地和创新生态三个维度进行测评；华东师范大学的《全球科技创新中心发展指数》则从创新要素全球集聚力、科学研究全球引领力、技术创新全球策源力、产业变革全球驱动力、创新环境全球支撑力等 5 个维度对全球 130 个城市的科技创新发展水平进行测评。同济大学的团队则从创新生产者、创新消费者、创新分解者和创新环境角度出发构建区域创新生态系统评价指标体系。① 根据这些测评指标只是可以判断一个城市科技创新发展的情况，但是对于建设科创中心来说帮助并不大。而且通过评价指标体系构建会忽略如历史数据、体系历史演变等因素，所以也存在若干问题。如果那样做的话，科创中心建设完全被看作是计划而成的事情。但是事实上，科创中心的形成并不是这样的过程。

在科技强国建设的问题上，也有学者延续了这种做法。在他们看来，其中的内在逻辑是一致的。孙福全等人在《科技强国建设模式、路径与对策》一书中专门讨论了世界科技强国的评价体系。在他们的理解中，这一指标框架包括科学发现能力、技术引领能力和创新驱动能力。而在二级指标中，科学发现能力包括 8 项、技术引

---

① 陈强、王浩、敦帅：《全球科技创新中心：演化路径、典型模式与经验启示》，《经济体制改革》2020 年第 3 期。

领能力包括 9 项、创新驱动能力包括 9 项。① 仔细研究，和以往的国家创新体系指标差别并不太大。世界科技强国之所以为强国，并不是一个科学判断的问题。在这个意义上科技强国就被理解为科学问题，即用科学的方法进行分析、计算和预测。

第二节　长三角区域科技创新中心与科技强国建设

以上从一般角度说明了区域科技创新中心的情况，为了更具体地进行分析，本书将长三角地区作为一个重要样本进行分析，将对三大区域科技创新中心、长三角区域科技创新中心及其综合改革试点方案进行阐述。

一、三大区域科技创新中心基本情况

长三角所有省份均处于科技创新高水平，这与长三角优越的地理位置、雄厚的经济基础以及国家近年来为推动长三角一体化发展采取的措施有关，如科技部颁布的《长三角科技创新共同体建设发展规划》以及三省一市制定的《三省一市共建长三角科技创新共同体行动方案（2022—2025 年）》等一系列的措施，推动了政产学研

---

① 孙福全等：《科技强国建设模式、路径与对策》，科学出版社 2023 年版，第 43 页。

等多方的协同作用。"长江三角洲区域、京津冀区域、珠江三角洲城市群在我国经济发展中扮演着重要的角色,这些区域在提升我国创新能力、促进创新型强国建设发挥着重要作用。"①

长三角地区是我国经济发展最活跃、开放程度最高、创新能力最强的区域之一,在国家现代化建设大局和全方位开放格局中具有举足轻重的战略地位。② 在长三角地区,创新生态系统江苏排名全国第二,浙江第四,上海第六,安徽第八,创新生态系统建设情况比较均衡。长三角区域约占我国经济总量的 1/4,拥有我国约 1/4 的"双一流"高校、国家重点实验室和国家工程研究中心,因此其创新产出能力较强。同时,在电子信息、生物医药、高端装备、新能源、新材料等领域形成了一批国际竞争力较强的创新共同体和产业集群,将大数据、物联网、云计算和人工智能等与传统产业结合,促进了创新能力的提升。此外,在基础设施、生态环境、服务平台的建设等方面也为创新生态的发展奠定了良好的基础。

珠三角地区是我国改革开放的先行区,是我国重要的经济中心区域。创新生态系统评价结果显示,广东省在所有省份中综合得分最高,这可能与珠三角城市群的发展有关。以广州、深圳为代表,作为广东省的经济增长引擎,两者发挥"双城联动"效应,深圳以

---

① 陈强等:《创新生态评价研究:指标体系、区域差异和对策建议》,《科学管理研究》2023 年第 41 卷第 5 期。

② 《2024 年长三角 41 城经济数据排名上海、苏州、杭州、南京、宁波》,浙江省人民政府网,2024 年 7 月 8 日。

广州的一流高校和研究中心为依托，广州以深圳的科技创新企业为依托，两者通过科研资源共享，在重大科技攻关方面展开深度合作①，共同促进创新能力的提升。同时，其他城市在制造业、物流等方面为其发展提供支撑，政府积极加强交通、医疗等基础设施的建设，促进了广东省的创新生态系统的发展。

京津冀作为我国三大经济中心区域之一，是我国重要的科技创新引擎。② 2024 年在京津冀区域③，创新生态系统北京排名第三，天津第十三，河北第十七，创新生态系统建设情况非常不平衡，这可能与三个省份的发展定位有关。《京津冀协同发展规划纲要》明确指出，要把北京建设成为全国政治、文化、国际交往和科技创新中心，天津建设成为"全国先进制造研发基地"、"北方国际航运核心区"、"金融创新运营示范区"及"改革开放先行区"，河北省建设成为"全国现代商贸物流重要基地"、"产业转型升级试验区"、"新型城镇化与城乡统筹示范区"及"京津冀生态环境支撑区"。长三角、珠三角、京津冀等区域创新生态系统建设完善，拥有丰富的科技创新经验和资源，邻近的省份应加强与这些地区的互动与交流，充分

---

① 陈朋亲等：《城市群"双城"联动的理论逻辑与实践策略——以粤港澳大湾区广州、深圳为例》，《城市发展研究》2021 年第 28 卷第 12 期。

② 周楠等：《京津冀区域科技创新政策协同演变：2011—2021 年》，《中国科技论坛》2023 年第 8 期。

③ 《京津冀三地经济总量达 10.4 万亿元。2023 年，北京市、天津市、河北省的地区生产总值分别为 43760.7 亿元、16737.3 亿元、43944.1 亿元》，北京市发展和改革委员会网、北京人民政府网。

利用这些区域的专利、技术和设备等资源，与传统产业相结合，提升创新能力，促进产业的转型升级。

二、长三角区域科技创新中心

长三角国家技术创新中心 2021 年 6 月正式揭牌成立，是由科技部批复、上海长三角技术创新研究院牵头，联合江苏、浙江和安徽相关机构共建的综合类国家级技术创新平台。从科技战略力量的角度看，长三角区域科技创新有以下特点：

（一）长三角地区的研究型大学：长三角地区的研究型大学比如复旦大学、上海交通大学、南京大学、浙江大学、中国科学技术大学都非常有名。这些高校又是中国 C9 联盟的中坚力量。目前长三角地区也建立了研究型大学联盟，2019 年 5 月 22 日，复旦大学、上海交通大学、南京大学、浙江大学、中国科学技术大学等"华东五校"在安徽芜湖共同发起成立大学联盟。2019 年 10 月 25 日在第五届"上海全球智库论坛"上由多家参会智库机构倡议发起成立长三角智库联盟，是以长三角区域高质量一体化发展为共同目标、以区域发展重大议题项目为载体搭建的研究平台。这些联盟的建立提升了研究型大学的整体力量，从而避免了单打独斗的尴尬局面。美国常青藤高校联盟有 8 所高校；英国有罗素大学联盟，包括剑桥大学、牛津大学等 20 多所高校；日本有学术研究恳谈会，包括北海道大学、东北大学等 11 所高校；德国还有 U15 大学联盟，包括慕尼黑大学、维尔茨堡大学等 15 所高校。这些联盟将各个国家的顶级大学联合起来，从机制上保证了集中力量办大学。

（二）长三角地区的国家实验室：2015 年，习近平指出，实施一批国家重大科技项目和在重大创新领域组建一批国家实验室。[①] 在 17 个国家实验室名单里，国家同步辐射实验室、磁约束核聚变国家实验室和船舶与海洋工程国家实验室位于长三角地区。上海张江综合性国家科学中心与合肥综合性国家科学中心携手实施"两心同创"，"上海光源"和"合肥光源"强强联合，共建第四代"合肥先进光源"，四代光源在亮度和相干性方面有了巨大提升。合肥国家同步辐射实验室副主任冷用斌指出，通过发挥两大光源优势，长三角有望打造成世界级光子创新中心。《2022 年长三角区域协同创新指数报告》显示，长三角已集聚 11.6 万家高新技术企业，占全国近三成。233 家科创板上市企业，占全国 46.5%。[②]

（三）长三角地区的科技领军企业：知识产权保护有助于创新实现，长三角地区也采取了很多措施来保障这一点。G60 科创走廊涵盖了上海松江，江苏苏州，浙江嘉兴、杭州、湖州、金华和安徽合肥、芜湖、宣城 9 个城市，凭借其独特的区位优势和政策支持，成为长三角地区科技创新和产业升级的重要载体。G60 科创实体化运作了 G60 知识产权行政保护协作中心，发布长三角 G60 科创走廊重点商标保护名录，以加强知识产权保护，提升企业核心竞争力。

---

① 习近平：《论科技自立自强》，中央文献出版社 2023 年版，第 101 页。
② 《"两心同创"强动能——长三角加快科技创新跨区域协同观察》，中国政府网，2023 年 12 月 25 日。

（四）长三角地区的国家级科研机构：设立于 1949 年 11 月的中国科学院是中国自然科学最高学术机构、科学技术最高咨询机构、自然科学与高技术综合研究发展中心。中国科学院上海分院，设立于 1950 年，是中国科学院的派出机构，负责联系和管理中国科学院在上海、浙江和福建地区的研究院所工作。另外，中国科学院在上海设有 11 个机构，如上海高等研究院是由中国科学院和上海市人民政府共建的科研机构，坐落于中国科学院上海浦东科技园（张江核心区），2012 年 11 月通过验收并正式成立。

三、从区域综合改革试点方案看科技强国建设

习近平指出，加快建设科技强国，要加强原创性、引领性科技攻关打赢关键核心技术攻坚战；强化国家战略科技力量并提升国家创新体系整体效能；推动科技体制改革形成支持全面创新的基本制度；构建开放创新生态并参与全球治理；通过激发人才创新活力以建设全球人才高地。[1] 国家开始加大区域科技创新中心的政策支持。2020 年，中共中央办公厅、国务院办公厅印发《深圳建设中国特色社会主义先行示范区综合改革试点实施方案（2020—2025 年）》，2024 年 1 月 24 日，两办印发《浦东新区综合改革试点实施方案（2023—2027 年）》（以下简称《方案》）。

---

[1] 习近平：《加快建设科技强国，实现高水平科技自立自强》，中国人民政治协商会议全国委员会网，2022 年 4 月 30 日。

对此，多位学者对《方案》作出了解读。陈强指出，浦东不仅要成为上海"五个中心"建设和长三角一体化发展的强劲动力引擎，还要成为我国高水平改革开放的开路先锋、自主创新发展的时代标杆、全球资源配置的功能高地以及扩大国内需求的典范引领。①他认为，"浦东综合改革试点方案"出台可以推动浦东打造具有全球影响力的科技创新高地。这不仅为科技强国建设贡献一地力量，更为重要的是起到了示范作用。

相比之下，《方案》赋予上海的权限更大。如完善科技创新体系，建设开放创新生态中的五条。深化人才发展体制机制改革，加快建设高水平人才高地中的四条详尽规定了细则，如赋予浦东新区为符合条件的外籍人才审核发放外国高端人才确认函权限，支持符合条件的外籍人才担任中国（上海）自由贸易试验区及临港新片区、张江科学城的事业单位、国有企业法定代表人；允许取得永久居留资格的外籍科学家在浦东新区领衔承担国家科技计划项目、担任新型研发机构法定代表人。这可以看作世界顶尖科学家大会之后从机制上保证用人。②总体来说，浦东对于优秀外籍人才是开放的、友好的。

---

①　陈强：《浦东综改方案"致广大、尽精微"，还透出浓浓人情味》，上观新闻，2024 年 1 月 26 日。

②　中共中央办公厅国务院办公厅印发《浦东新区综合改革试点实施方案（2023—2027 年）》，中国政府网，2024 年 1 月 22 日。

主要参考文献

中文著作

[1] 习近平:《高举中国特色社会主义伟大旗帜　为全面建设社会主义现代化国家而团结奋斗——在中国共产党第二十次全国代表大会上的报告》,人民出版社 2022 年版。

[2] 习近平:《论科技自立自强》,中央文献出版社 2023 年版。

[3] 习近平:《在庆祝中国共产党成立 100 周年大会上的讲话》,《人民日报》2021 年 7 月 2 日,第 2 版。

[4] 习近平:《在中国科学院第十七次院士大会、中国工程院第十二次院士大会上的讲话》,《人民日报》2014 年 6 月 10 日,第 2 版。

[5] 习近平:《中共中央关于进一步全面深化改革、推进中国式现代化的决定》,人民出版社 2024 年版。

[6] 中共中央文献研究室编:《习近平关于科技创新论述摘编》,中央文献出版社 2016 年版。

［7］《知识分子问题文献选编》，人民出版社 1983 年版。

［8］中国科学院、中国工程院编：《百名院士谈建设科技强国》，人民出版社 2019 年版。

［9］《中共中央关于坚持和完善中国特色社会主义制度，推进国家治理体系和治理能力现代化若干重大问题的决定》，《人民日报》2019 年 11 月 6 日，第 1 版。

［10］《中共中央关于全面深化改革若干重大问题的决定》，《人民日报》2013 年 11 月 16 日，第 1 版。

［11］中共中央组织部编：《中国共产党组织建设一百年》，党建读物出版社 2021 年版。

［12］中国科学院：《科技强国建设之路：中国与世界》，科学出版社 2018 年版。

［13］葛兆光：《中国思想史（导论）》，复旦大学出版社 2001 年版。

［14］《建党以来重要文献选编》，中央文献出版社 2011 年版。

［15］李飞飞：《我看到的世界》，中信出版社 2024 年版。

［16］李广益主编：《科幻导论》，重庆大学出版社 2023 年版。

［17］钱穆：《中国文化史导论》，商务印书馆 2002 年版。

［18］钱三强：《徜徉原子空间》，百花文艺出版社 1999 年版。

［19］乔瑞金：《马克思技术哲学纲要》，人民出版社 2002 年版。

［20］孙福全等：《科技强国建设模式、路径与对策》，科学出版社 2023 年版。

［21］温铁军：《全球化与国家竞争：新兴七国比较研究》，东方出版社 2021 年版。

［22］文一：《科学革命的密码：枪炮、战争与西方崛起之谜》，东方出版中心 2021 年版。

译著

［23］［德］海德格尔：《基础概念》，张柯译，商务印书馆 2021 年版。

［24］［德］海涅：《论德国的宗教和哲学的历史》，海安译，商务印书馆 2000 年版。

［25］［德］黑格尔：《小逻辑》，贺麟译，商务印书馆 1997 年版。

［26］［德］康德：《实用人类学（外两种）》，李秋零译注，中国人民大学出版社 2013 年版。

［27］［德］克劳斯·施瓦布：《第四次工业革命》，李菁译，中信出版社 2016 年版。

［28］［法］保罗·利科：《记忆，历史，遗忘》，李彦岑、陈颖译，华东师范大学出版社 2018 年版。

［29］［美］埃里克·坎德尔：《追寻记忆的痕迹：新心智科学的开创历程》，喻柏雅译，中国友谊出版公司 2022 年版。

［30］［美］查尔斯·金德尔伯格：《世界经济霸权 1500 —1900》，高祖贵译，商务印书馆 2023 年版。

［31］［美］科恩:《科学中的革命》,鲁旭东等译,商务印书馆1999年版。

［32］［美］兰西·佩尔斯等:《科学的灵魂:500年科学、信仰、哲学的互动史》,潘柏滔译,江西人民出版社2006年版。

［33］［美］林肯·佩恩:《海洋与文明》,陈建军等译,四川人民出版社2019年版。

［34］［美］亚伯拉罕·派斯:《爱因斯坦传》,商务印书馆2004年版。

［35］［美］约瑟夫·斯特雷耶:《现代国家的起源》,宗福常等译,格致出版社、上海人民出版社2011年版。

［36］［美］詹姆斯·麦克莱伦、哈罗德·多恩:《世界史上的科学技术》,王鸣阳译,上海科技教育出版社2003年版。

［37］［英］贝尔纳:《科学的社会功能》,广西师范大学出版社2003年版。

［38］［英］马林诺夫斯基:《文化论》,费孝通译,华夏出版社2002年版。

［39］［英］梅尔茨:《十九世纪欧洲思想史》,周昌忠译,商务印书馆1999年版。

后　记

很多时候，一些学者把中国的科技强国建设看作是一个科学问题，这种做法是对象式的思考，制定很多评价指标，然后去构造这样一个合乎标准体系的客观系统。然而，情况真的是这样简单吗？建设科技强国是建立一个真空式的架构吗？很显然并不是如此，这种事实式的方式对于这个问题的解决没有帮助。

建设科技要注意两点：一是运用知识的创新造福人类是人类自身的职责。在这种变革中，没有一个国家可以独善其身，需要让科技创新惠及全球和世界，造福世界。二是科技成果不应该成为限制和遏制其他国家的发展手段，需要在开放思维的基础上开展合作，促进互惠共享。

从宏观层面看，"数智革命"正在冲击着人类社会，世界科技中心正在发生转移，我们无时无刻不在见证着人工智能取得一个又一个的突破。科技革命产生了巨大的推力，使得世界在加速转动，文化、秩序、价值都在发生重塑。查尔斯·金德尔伯格（Charles

Kindleberger）提出了"下一个霸主是谁?"的问题:"在恰当的时刻,一个国家将崛起于混乱之中,成为首要的世界经济大国。又是美国? 或是日本? 德国? 整个欧盟? 也许有一匹黑马,像澳大利亚或巴西或中国? 谁知道? 至少我无法得出结论。"[1] 他并没有作出有效回答。

从中观层面看,智能革命已经在很多国家中制造出无人工厂、自动机器,无人机在战场上盘旋,改变着战争的形式;工业机器人改变着经济结构,使得大批人面临失业的风险,机器不仅制造无业阶层,还会产生新的机器阶层。我们已经清醒地意识到:要通过科技强国建设实现高水平的科技自立自强,使得科技真正成为动力源,在未来竞争中掌握战略主动,最终实现社会主义现代化国家、推进中华民族伟大复兴。

从微观层面看,智能科技给社会个体带来各种便利和新玩意,搜索信息、进行咨询、健康调控都可以借助数字装置完成;聊天机器人、陪伴、陪护等各类机器人开始进入我们的日常生活。科技强国建设要把各种科技同保障和改善民生结合起来,推动各种技术手段在日常工作、学习和生活中的深度运用,最终创造更加智能的生活方式和工作方式。但是相应的社会伦理困扰也蜂拥而至:虚假信

---

[1] ［美］查尔斯·金德尔伯格:《世界经济霸权 1500—1900》,高祖贵译,商务印书馆 2023 年版,第 405 页。

息、机器幻觉、人的幻觉 [①] 等，应该引发我们的警惕。

科技强国建设更应该从历史中吸取经验，当我们回顾世界强国科技中心转移的时候，发现中国与世界其他国家科技发展的动力机制是完全不同的。就中国而言，科技发展动力主要表现为党和国家的设计和引领、维护国家安全、保障人民民生福祉和实现现代化进程中的民族复兴。在新时代下，应对气候变化的灾难变成全球新的科技发展动力。在这个过程中，很多国家联合起来进行技术攻关，在增进信任的基础上争取应对全球性的灾难。

科技强国建设当然少不了必要的条件，如科学人才、科学组织、科技期刊、科创政策等都是必要的保障。只有具备了这些，科技强国建设才能推进。科技强国建设还要兼顾到科学精神、科学向善以及科学文化等非必要条件。科学家对于知识真理的追求；科学活动的普遍向善预示着人的向善；科技本身的文化以及使用科技形成的文化共同构成科技强国建设的软性条件和非必要条件。但是我们看到两者之间并不存在严格的界限。一个国家经常会出台有效的科技政策和法律制度，这些是科技创新和发展的必要条件。但是同时这些属于科学文化的一种形式，如同马林诺夫斯基所说，社会制度是

---

① 2024 年，《自然》(Nature) 发表评论文章 Artificial intelligence and illusions of understanding in scientific research 讲述了大模型技术导致理解的幻觉，即研究者如果没有正确地使用 AI，会以为自己知道很多，但实际上却知之甚少。Messeri, L., Crockett, M. J. Artificial intelligence and illusions of understanding in scientific research. Nature 627, 49-58 (2024). https://doi.org/10.1038/s41586-024-07146-0.

文化的真正要素。而不同时期制定的科学制度与政策属于科学文化的真正要素。

科技强国建设不能只看到科技自身为善的一面，还要看到科技为恶的一面。从本体层面看，善恶相生相伴，从认识层面看，善恶是不同角度评价的结果。对于科技的功能也是如此看待，当我们看到科技作为机遇给一个国家带来强盛的可能性时，也不能忽略科技作为风险给社会和国家带来的破坏性一面。这也是建设科技强国过程中需要注意到的问题。

科技强国建设更不能从线性逻辑看到技术创新。一般说来技术创新意味着用新的技术取代旧的技术，但是并不能因此而断定这个方向就是有效的，需要考虑到现实的语境才能够对技术创新有正确的认识。要考虑到现实可能对新技术形成的特定挑战，从而产生对社会、人民的不利影响，这也意味着要给旧的技术保留特定的空间，让其退出历史舞台要符合人民的利益。

本书是复旦大学党的创新理论研究"两大工程"二期系列之一。在两年多的撰写过程中，写作团队多次召开讨论会讨论章节总体框架、内容设计等问题。2023 年 5 月 9 日团队成员专门召开总体框架研讨会，由多位专家对总体框架提出宝贵修改意见。在此感谢专家组中国社会科学院段伟文研究员、中国人民大学刘永谋教授、同济大学陈强教授、上海交通大学闫宏秀教授等专家以及复旦大学石磊教授、周晔博士。写作团队在专家意见基础上进行了细心修改，重新提出了修改框架。在各位专家老师的帮助下，书稿才能够顺利完成。整个工作离不开团队的努力。团队成员具体分工：于明艳博士撰写第一章；第四章由索引博士撰写；第六章由周颖博士撰写。其余章节由我撰写并对全书进行校稿。另外，上海第二工业大学马克思主义学院徐志坚教授对书稿初稿进行了细致审读，并对书稿提出了宝贵修改意见。在此一并感谢。

2025 年 2 月 18 日

图书在版编目(CIP)数据

科技强国的理论意蕴与多重维度 / 杨庆峰等著.

上海 : 上海人民出版社，2025． -- ISBN 978-7-208
- 19453-3

Ⅰ．N12

中国国家版本馆 CIP 数据核字第 2025HY6139 号

责任编辑　李　莹
封面设计　汪　昊

科技强国的理论意蕴与多重维度

杨庆峰 等著

出　　版　上海人民出版社
　　　　　（201101　上海市闵行区号景路 159 弄 C 座）
发　　行　上海人民出版社发行中心
印　　刷　上海商务联西印刷有限公司
开　　本　720×1000　1/16
印　　张　18
插　　页　2
字　　数　177,000
版　　次　2025 年 4 月第 1 版
印　　次　2025 年 4 月第 1 次印刷
ISBN 978 - 7 - 208 - 19453 - 3/D · 4485
定　　价　78.00 元